tradução
REGINA SILVA
ilustrações
ANDRÉS SANDOVAL

Para Paola e Sonia

9   Prólogo

15   **1   A árvore da liberdade**
43   **2   A planta da cidade**
73   **3   Raízes do subsolo**
89   **4   Troncos da música**
103   **5   Anéis do tempo**
127   **6   Cascas de conhecimento**
159   **7   O pólen do crime**
177   **8   Sementes da Lua**

185   Índice onomástico
189   Sobre o autor

# prólogo

Depois de décadas convivendo com as plantas, tenho a impressão de sentir a presença delas não apenas em todo o planeta, mas também na história de cada um de nós.

A princípio, eu acreditava que essa percepção particular do mundo vegetal fosse consequência da minha simpatia por esses seres silenciosos. E que, como acontece com qualquer pessoa que desenvolve forte interesse por alguma coisa, tivesse começado a ver o objeto de meu interesse em todos os lugares. Todo mundo que se apaixona sabe do que estou falando. É aquela sensação estranha de que tudo no universo, por mais distante ou marginal que seja, parece, de alguma forma, vinculado ao objeto do nosso amor. Cada acontecimento, cada música, a meteorologia, as pedras da calçada por onde se caminha, tudo traz um eco da história de amor. Lembro-me de uma história engraçada de Maupassant (1850–1893), que li quando criança, sobre uma senhora que, toda vez que se apaixonava, e isso acontecia com certa frequência, transformava radicalmente seu mundo, colocando a profissão de seu novo amor no centro de seus interesses. Apaixonava-se por um advogado e não falava de outra coisa a não ser de códigos e julgamentos; se fosse farmacêutico, então o mundo era apenas fármacos e medicamentos; se fosse jóquei, tudo se transformava em cavalos, selas e arreios. Tenho certeza de que todos nós conhecemos casos parecidos. É uma das razões pelas quais não dá para conviver com uma pessoa apaixonada.

Comecei então a me perguntar se não seria algum fenômeno semelhante ao de uma paixão verde, que, como a senhora de Maupassant, fazia com que eu não visse nada além de plantas em toda parte. Em todos os lugares do planeta, no início de cada história humana, na base de todo acontecimento. Refleti sobre isso e acho que posso afirmar com segurança que a resposta é: não. Estou bastante certo disso. O fato de eu conviver com as plantas, de estudá-las e de elas serem, sem dúvida, o centro dos meus interesses nada tem a ver com o fato de elas aparecerem no início de cada história. É simplesmente um dado incontestável. Uma consequência de seu grande número e de serem a fonte de vida neste planeta. Como poderia ser diferente? Nós, animais, representamos apenas 0,3% da biomassa, enquanto as plantas representam 85%. É óbvio que qualquer história em nosso planeta tem, de um jeito ou de outro, plantas como protagonistas. Este planeta é um mundo verde; é o planeta das plantas. Não é possível contar sua história sem deparar com seus habitantes mais numerosos. E o fato de serem invisíveis em nossas histórias ou de aparecerem discretamente, tendo apenas o papel de figurantes para dar cor à cena, é o resultado de um recalque total da nossa percepção desses seres vivos, dos quais depende a vida na Terra.

Quando se é capaz de olhar para o mundo sem vê-lo simplesmente como o campo de ação do homem, não se pode deixar de notar a onipresença das plantas. Elas estão por toda parte e suas aventuras se entrelaçam às nossas de maneira inevitável.

Um dia, perguntaram ao compositor inglês *sir* Edward Elgar (1857–1934) de onde vinha sua música. A resposta foi: "Minha ideia é que há música no ar, música ao nosso redor, o mundo está repleto dela e a qualquer momento uma pessoa pode obter toda a música de que precisa".[1] O mesmo acontece com as plantas: como a música para Elgar, elas estão em todos os lugares ao nosso redor e, para escrever sobre elas, basta ouvir suas histórias e contá-las, *utilizando sempre todas as plantas das quais precisamos.*

Foi assim que nasceu este livro, um apanhado de histórias de plantas aqui e ali, que se entrelaçam com os acontecimentos humanos e se relacionam com a narrativa da vida na Terra. Assim como ocorre na floresta, onde cada árvore está ligada a todas as outras por uma rede subterrânea de raízes que as une formando um superorganismo, as plantas constituem a nervura, o fundamento, o mapa (ou planta) com base nos quais se constrói o mundo em que vivemos. Não ver essa planta, ou pior, ignorá-la, acreditando que já nos encontramos acima da natureza, é um dos perigos mais graves para a sobrevivência da nossa espécie.

---

**1**  Edward Elgar, *Letters of a Lifetime*. Oxford: Oxford University Press, 1990.

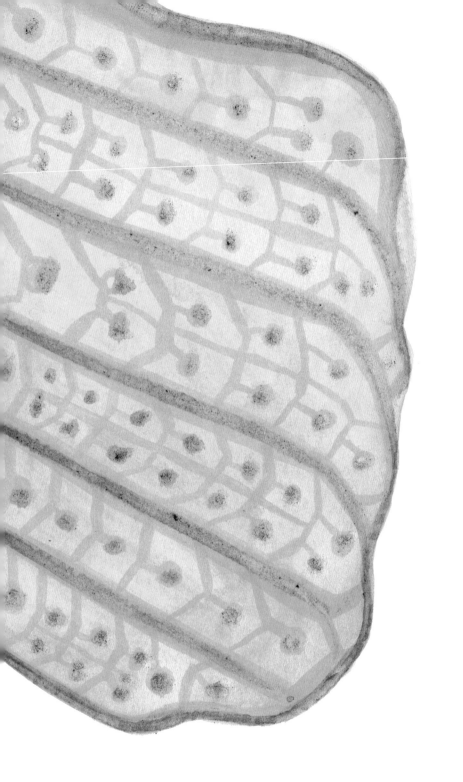

# 1

# A ÁRVORE
# DA LIBERDADE

Desde que me lembro, sempre tive uma atração irresistível por papel. Aos três anos, me apaixonei pela professora do jardim de infância e logo depois por papel. E essa segunda paixão permanece intacta e integral, acompanhando-me muito antes de eu começar a me interessar por plantas e coisas do gênero. Uma das minhas primeiras lembranças de emancipação tem a ver justamente com papel. Na verdade, para ser mais exato, com gibis. Na época, eu acreditava que eles vinham diretamente das mãos generosas de meus pais ou de outros familiares, que, com certa frequência, e por motivos em geral relacionados a datas festivas ou a êxitos alcançados, distribuíam, de livre e espontânea vontade, aquelas histórias fantásticas. Claro, eu tinha consciência do fato de que as histórias em quadrinhos vinham daqueles lugares de deleite chamados bancas de jornal, espaços sagrados aos quais só os adultos tinham acesso e, portanto, inacessíveis para mim, como se estivessem no Monte Olimpo. Então, um dia – eu devia ter uns sete anos –, durante umas férias em Roma, surgiu na minha frente, de forma completamente inesperada, a primeira banca de gibis usados da minha vida. Crianças da minha idade, com e sem pais, adultos, homens e mulheres, todos podiam desfrutar das maravilhas dos impressos, sem nenhuma discriminação.

Nem mesmo de renda. As cem liras necessárias para comprar uma revistinha (cinco por quatrocentas liras) estavam perfeitamente dentro das minhas possibilidades financeiras. Aliás, sempre tive comigo uma nota de mil liras que meu pai confiava a mim "por precaução". Foi naquele momento que eu entendi o que era eventualidade. Aquelas mil liras foram investidas em doze edições (consecutivas) de *Comandante Mark*. Foi um momento mágico.

Desde então, primeiro com as revistas, depois com livros, os sebos têm sido uma companhia diária. Alguns deles eu acompanhei por gerações em Florença, em suas mudanças de endereço e de proprietário, e, embora nenhum jamais tenha abalado meu coração como aquela primeira banca de Roma, muitos outros livros descobertos em bancas e sebos ao redor do mundo estão indelevelmente gravados em minha memória. Foi o que aconteceu no Marché du Livre Ancien et d'Occasion George Brassens, em Paris, quando pus minhas mãos num livrinho que trazia o magnífico título *Essai historique et patriotique sur les arbres de la liberté* [Ensaio histórico e patriótico sobre as árvores da liberdade].

Esse mercado é um lugar imperdível para todos aqueles que compartilham comigo a insana paixão por sebos e livros usados e que vivem ou passam um fim de semana em Paris. Todos os sábados e domingos, de cinquenta a sessenta livreiros se reúnem perto do parque e do mercado George Brassens, no 15º *arrondissement*, para expor seus produtos a um grande número de bibliófilos fanáticos. Nós nos reconhecemos de cara. Somos sempre os mesmos, nos encontramos sempre nos mesmos lugares, ansiosos, fim de semana após fim de semana, para novas buscas nos milhares de pilhas disformes e sem nenhuma regra que se formam nos balcões dos livreiros. Há aqueles que há anos procuram um exemplar do único número que falta para completar a coleção de algumas séries obscuras do início do século xx, aqueles que colecionam livros que tratam de temas improváveis, como máquinas de café (eu conheci um deles), a história da Finlândia, armas japonesas ou microrganismos do solo.

Em geral, são acadêmicos, que, tendo estudado assuntos complicados durante anos, ficaram presos no mundo de suas pesquisas. Bem, devo admitir que eles não são tão diferentes de mim. Eu também perambulo por essas bancas em busca de algum livro sobre plantas e árvores, possivelmente publicado antes do início do século xix. Aqui, durante anos vasculhando de maneira incansável, quase todos os sábados de manhã da minha vida adulta, quando tive a sorte de morar em Paris, montei uma coleção impressionante de livros obscuros, esquecidos e marginais, que tinham em comum apenas o assunto principal, as plantas.

Aos sábados, o mercado abre ao público às nove da manhã. Isso significa que, às oito, os verdadeiros fãs já estão por lá, esperando. A gente se encontra em um café em frente ao mercado, todos equipados com enormes mochilas vazias que esperamos encher. Alguns cumprimentos constrangidos entre pessoas que se conhecem de vista há anos, cujo nome e profissão muitas vezes são conhecidos, mas com quem nunca realmente batemos um papo. Tomamos um café e nos olhamos desconfiados, sobretudo os rivais com os mesmos interesses. É uma espécie de maldição: qualquer que seja o tema da sua pesquisa, sempre haverá alguém contra quem lutar.

Eu também, é claro, tenho meu antagonista. Ele é um senhor idoso, alto e magro como uma vara. Tez murcha e escura como se tivesse secado durante anos ao sol do deserto, sempre vestido com o que me parece ser a mesma capa de chuva comprida e clara, faça chuva ou faça sol. Insensível ao clima como os melhores caçadores de livros. Debaixo de chuva, de neve ou tempestade de vento, congelando ou fazendo um calor sufocante, ele está sempre lá. Todo sábado às oito. Ele vagueia entre os balcões mancando levemente, uma arma para disfarçar sua ferocidade. Você acha que ele vai demorar para se mover e, em vez disso, assim que algo chama sua atenção, o homem é capaz de escalar enormes pilhas de livros com a agilidade de uma criança. Eu já sei disso, mas, entre os neófitos, sua aparente fragilidade faz muitas vítimas.

Fragilidade? Ele não sabe o que é. É tão duro quanto a madeira envelhecida da qual parece ser feito. E resistente também, o maldito! Incansável, verifica meticulosamente cada pilha de livros e não há sábado em que, no final do dia, ele não saia com sua mochila lotada de volumes pesados. Certa ocasião, ouvi um livreiro chamá-lo de *professeur* e outro, de Henri. Professor Henri era, portanto, tudo o que eu sabia do meu adversário, além do fato de ser temível, um osso duro de roer, que ama botânica e a Revolução Francesa. E, para mim, um antipático. Parece ter um sexto sentido para livros de botânica. Ele mergulha nas pilhas como uma doninha na toca de um coelho e toda vez surge com algo nas mãos. Quando a gente se cruza entre as pilhas de livros, tenho a impressão de que ele me olha com um misto de superioridade e graça, na mesma proporção. Geralmente, no início do dia, tomamos direções opostas no mercado em busca de pilhas que acabaram de ser descarregadas. Então ficamos nos vigiando de longe, com hostilidade, à espera de que cada um seja o primeiro a encontrar algo que possa despertar o interesse do outro. Uma vida bem ruim, posso garantir.

Foi em um desses encontros de muita proximidade com o professor Henri que o famoso livrinho chegou às minhas mãos. Estava coberto por uma capa de plástico, daquelas que, quando crianças, usávamos para proteger os cadernos. Não sei se ainda hoje se faz assim, mas, quando estava no ensino fundamental, eu gostava muito de encapar meus cadernos no início do ano letivo. Por isso, e só por isso, pela memória dos tempos da infância e curioso por saber de que matéria se tratava, peguei nas mãos o que decerto seria apenas um caderno. Comecei a folheá-lo casualmente e, para minha enorme surpresa, uma bela encadernação de couro do final do século XVIII apareceu sob aquela capa banal. O professor Henri ao meu lado, que, como um camaleão, parecia ter olhos independentes – um reservado para suas pesquisas e outro fixo em mim para verificar as minhas pesquisas –, notou a encadernação do século XVIII e ficou congelado, como se estivesse paralisado. Eu peguei o livro. Com uma perfídia da qual não me julgava capaz, virei-me de costas e continuei a folheá-lo sem que ele pudesse ver, deixando-o atormentado na sua incerteza. Cheguei à página do título e, finalmente vendo o que era, senti-me vingado. Como um jogador de pôquer que acabou de obter uma sequência real, simulei uma expressão de desapontamento que deliciou o professor. Fingi recolocar o livro no monte e, em seguida, como se tivesse mudado de ideia no último momento, gritei para o livreiro, apático: "Vou levar este". Paguei o que devia e coloquei o livro de lado.

O professor Henri acompanhava cada gesto meu. Continuamos a folhear distraidamente alguns livros. De vez em quando, eu olhava meu livrinho e então, com uma expressão irritada, punha-o de volta no lugar. Por fim, Henri caiu na armadilha. Deu voltas ao redor do livro e, em seguida, sem resistir à curiosidade, perguntou-me com toda a educação: "Com licença, posso dar uma olhada no livro que você acabou de comprar?". "Mas é claro, por favor, fique à vontade". O professor o folheou, chegando rapidamente à página de rosto. Ficou petrificado diante do magnífico título: *Essai historique et patriotique sur les arbres de la liberté*, de um certo Grégoire. Sem conseguir tirar os olhos do livrinho, ele o folheava incrédulo. Eu me permiti apontar: "O senhor viu? Foi publicado no segundo ano da República, em 1794, se não me engano". Olhei para ele sem conter o sorriso. "Por que será que um livro tão interessante acabou encapado como se fosse um caderno?" Ele parecia tão aborrecido que me arrependi de minha crueldade. Para ser perdoado, e porque já era hora, perguntei-lhe se gostaria de almoçar comigo. Eu queria saber mais sobre ele. O convite foi aceito. Fomos então para uma *brasserie* próxima.

Seu nome era Henri Gerard e era professor de História Francesa. Perguntei mais sobre sua paixão. "Eu observo o senhor há algum tempo pesquisando livros", comecei, "mas achava que sua paixão fosse a botânica, e não história." E continuei: "Exceto nesta última ocasião, em que tive mais sorte que o senhor, há anos o senhor me humilha na busca de livros de botânica". Esse reconhecimento de sua habilidade como um localizador de livros parecia aliviar, pelo menos em parte, o sofrimento anterior. Seu sorriso reapareceu por um momento. "O senhor está certo sobre a história e a botânica. São realmente minhas duas grandes paixões." Tirei o livro do envelope a meus pés: retirada a capa de plástico, ambos pudemos constatar que o volume estava em excelente estado de conservação. Abri no frontispício. O nome do autor nem aparecia: "*Par Grégoire, membre de la Convention Nationale*" era a única indicação. "Mas então", retomei, "o senhor, que é um especialista da Revolução, fale-me a respeito desse Grégoire, que escreve sobre árvores. O senhor disse que ele era um abade?"

Ele me olhou enviesado: "O senhor realmente não sabe quem foi Henri Grégoire (1750–1831), o padre *cidadão*?". Ele não acreditava em tamanho absurdo. "Não, nunca ouvi falar", respondi baixinho. O professor pegou o livrinho e começou a virá-lo nas mãos, balançando a cabeça, sem entender como

**20**

ele tinha acabado nas mãos de um ignorante como eu: "Bem, agora ele é seu e não há o que fazer", disse-me com um suspiro, colocando-o com cuidado em um canto da mesa. "Que pelo menos, então, saiba alguma coisa sobre o autor desta obra, que imerecidamente o senhor adquiriu. Espero que compreenda o valor que ela tem. Henri Grégoire, mais conhecido como abade Grégoire, é de longe um dos personagens mais relevantes e fascinantes da Revolução, mas eu não fazia ideia de que ele também havia escrito um livro sobre as árvores da liberdade. Na verdade", acrescentou, "pela data da publicação, Grégoire deve ter sido o primeiro a escrever sobre o assunto." Ele me encarou longamente, avaliando-me com atenção: "Se esse assunto interessa tanto ao senhor quanto a mim, por que não vem à minha casa durante a semana? Escolha o dia, tomamos um café e trocamos as informações que temos sobre as árvores da liberdade. O que acha?". Aceitei imediatamente o convite para a quarta-feira seguinte. O professor agradeceu pelo almoço, passou seu endereço e, sem nem esperar que eu terminasse de anotá-lo, voltou a outras pilhas de livros.

Eu não o segui. Não tinha mais muita vontade de continuar remexendo nos livros do mercado. Já a história das árvores da liberdade me intrigava muito. Decidi, portanto, permanecer confortavelmente sentado à mesa e dedicar o resto da tarde à leitura de meu Henri Grégoire.

Página após página, o mistério das árvores da liberdade me foi revelado. Antes de mais nada, eram árvores reais. Eu temia que fosse apenas uma metáfora, mas não, eram árvores de verdade, de madeira e folhas. Árvores que, durante os anos da Revolução, foram plantadas em todos os lugares habitados da França, desde as menores vilas até a capital, como um símbolo real e intangível dos ideais revolucionários. Um costume magnífico, cuja origem, no entanto, deve ser atribuída a outra Revolução, a americana.

Em 1765, os britânicos aprovaram o famigerado *Stamp Act* (Lei do Selo), que impôs o pagamento de uma taxa sobre cada folha de papel impressa nas colônias americanas. O papel de impressão deveria vir da Grã-Bretanha e ser identificado com um selo por meio do qual se atestava que o imposto havia sido pago. Desse modo, os britânicos poderiam controlar o que era impresso nas colônias e, ao mesmo tempo, com o que obtinham daquele tributo, arrecadar o que era necessário para custear as despesas do Exército engajado na defesa da fronteira. Os protestos logo começaram. Em todos os territórios controlados pela monarquia britânica na América do Norte, primeiro com cautela, depois cada vez mais numerosos e violentos, os motins aumentaram de intensidade até chegar a verdadeiras manifestações de rebelião contra a Coroa.

Entre eles, o mais extraordinário ocorreu em Boston, em 14 de agosto de 1765, quando uma multidão de colonos enfurecidos se viu sob um grande olmo e pendurou um fantoche representando Andrew Oliver, o comerciante local escolhido por Jorge III como o oficial responsável pela aplicação da lei. Além disso, havia uma bota com a sola pintada de verde, simbolizando os dois ministros, o conde de Bute e lorde George Grenville,[1] considerados os verdadeiros responsáveis pelo imposto. Foi o primeiro ato público a desafiar a Coroa inglesa, e que, dez anos mais tarde, levaria à Revolução Americana.

O olmo sob o qual os colonos de Boston se reuniram ficou conhecido como The Liberty Tree, a Árvore da Liberdade, e a área ao redor dela – ponto de encontro dos manifestantes – foi rebatizada de Liberty Hall. Após os protestos, em 1766, quando a Lei do Selo foi revogada, as principais celebrações ocorreram

---

1     Era um trocadilho com o nome do conde de Bute, cuja pronúncia em inglês é igual à da palavra *boot* [bota], enquanto *green* [verde] era uma brincadeira com o nome de lorde Grenville.

justamente embaixo do olmo de Boston, que, para a ocasião, foi decorado com bandeiras, fitas e lanternas. A árvore tornou-se o mais conhecido símbolo de resistência contra os britânicos e muitas outras cidades não demoraram a contar com as próprias *liberty trees.*

Mas, como normalmente acontece, a simbologia em torno da árvore não foi prenúncio de dias calmos. E, de fato, plantado em 1646, o pobre olmo, que, se não tivesse se tornado uma árvore da liberdade, teria facilmente sobrevivido por mais alguns séculos, teve sua vida ceifada de maneira precoce durante o cerco de Boston, entre 1775 e 1776, no início da guerra contra os ingleses. Serrado por monarquistas britânicos e bostonianos, foi transformado em lenha. O olmo de Boston é, portanto, a primeira de todas as árvores da liberdade.

Entretanto, se os americanos foram os primeiros a adotar esse símbolo, sua difusão deve ser atribuída, sem dúvida, à Revolução Francesa. O abade Grégoire escreve em seu livro que a primeira pessoa a adotar a árvore como símbolo de liberdade e fraternidade na França foi um certo Norbert Pressac, pároco de Saint-Gaudens, perto de Civray, no departamento de Vienne; em maio de 1790, ele "mandou arrancar um lindo carvalho da floresta e transportá-lo para a praça da vila, onde homens e mulheres ajudaram a plantá-lo". Em seguida, o pároco exortou a multidão com esta frase: "Ao pé desta árvore, você se lembrará de que é francês e, na sua velhice, lembrará a seus filhos o momento memorável no qual a plantou".

O espírito patriótico da população francesa identificou-se fortemente com a ideia das árvores da liberdade e logo elas se espalharam por todo o país. Porém, não era algo fácil ter a própria árvore da liberdade. Em muitos vilarejos não havia árvores com a imponência necessária. Além disso, com ou sem revolução, uma vez que cada cidade, cada rua e cada casa queriam ter uma árvore da liberdade própria, e *erguer sua majestosa copa* mais alto que a das demais, teve início uma caça às espécies mais imponentes nas florestas para que se tornassem árvores da liberdade. Não deve ter sido uma época fácil para o que hoje chamamos de "patriarcas vegetais". Onde quer que houvesse uma árvore razoavelmente grande perto de uma cidade, seu destino estava selado. E, como sempre nos lembra Grégoire, dado que "a vontade de adquirir apressadamente árvores gigantescas não permitia a escolha de árvores enraizadas, o resultado foi seu rápido esgotamento".

Para remediar a triste paisagem criada por árvores da liberdade mortas por estarem sem raízes, a Convenção baixou um decreto segundo o qual, "em todos os municípios da República onde a árvore da liberdade perecer, uma nova será plantada de hoje até o início da primavera.[2] O plantio e a manutenção de cada uma delas serão confiados aos cuidados de cidadãos de bem, para que em cada município a árvore da liberdade floresça sob a égide da liberdade francesa". O espírito do decreto é claro: uma árvore morta não pode ser o símbolo de uma revolução eterna. "A natureza moribunda ou morta deve ser apenas o emblema do despotismo", assinala Grégoire. Por sua vez, "a natureza viva e produtiva, que fortalece e difunde seus benefícios, deve ser a imagem da liberdade que amplia seu horizonte e faz amadurecer os destinos da França".

Portanto, as árvores da liberdade devem ser majestosas e perfeitamente saudáveis, além de apresentar outras características. De acordo com o abade Grégoire, a árvore perfeita deve:

---

**2**  No original, *primo germinale*. Germinal é o nome do sétimo mês do calendário revolucionário francês, que correspondia (dependendo do ano) ao período entre 21–22 de março e 19–20 de abril no calendário gregoriano [N. T.]

1. ser forte o bastante para suportar o clima mais frio, pois, caso contrário, um inverno rigoroso poderia fazê-la desaparecer do solo da República;
2. ser escolhida entre as árvores de primeira grandeza, ou seja, entre aquelas de 25 a 40 metros, visto que a força e a magnificência de uma árvore inspiram um sentimento de respeito, que está naturalmente ligado ao objeto que simboliza;
3. ter uma circunferência que ocupe certa extensão de terra;
4. prover uma sombra que forneça aos cidadãos abrigo da chuva e do calor sob seus galhos hospitaleiros;
5. ter vida longa e, se não puder ser eterna, pelo menos, deve ser escolhida entre aquelas cuja vida possa durar séculos;
6. enfim, ser capaz de crescer sozinha em todas as regiões da República.

É claro que nem todas as árvores atendem aos requisitos exigidos e pouquíssimas têm a grandiosidade necessária para representar dignamente a amplitude da Revolução. Para o abade Grégoire, não havia dúvida: apenas uma espécie cumpria todos os requisitos. A árvore da liberdade por excelência devia ser um carvalho.

Depois de terminar a leitura do livrinho de Henri Grégoire, embora tivesse finalmente elaborado uma ideia bastante clara do que as árvores da liberdade representaram para a Revolução, não me senti bem preparado para enfrentar a enorme erudição do professor. Assim, passei os dias que me separavam do nosso encontro tentando reunir o máximo possível de informações sobre essa história fascinante. Li tudo o que encontrei sobre o assunto, mas sem aprender muito mais do que o bom abade havia me ensinado. Fiquei com a impressão de que não se sabia muito sobre o assunto e que todos, mais ou menos, repetiam as informações presentes no ensaio do abade Grégoire, ainda que poucos se lembrassem de citá-lo.

Foi, portanto, com compreensível dose de ansiedade, que me fez lembrar dos anos dos meus exames universitários, que naquela fatídica quarta-feira me vi próximo à casa do professor, bem antes da hora marcada. Por usar sempre a mesma capa de chuva, pela forma obstinada como barganhava o preço dos livros e por sua história de imigrante que voltou para a terra natal, eu tinha a impressão de que ele não nadava em dinheiro. Então imaginei que o professor morasse em um lugar decente, mas popular. Entretanto, não havia nada de popular ali. Longe disso. Um edifício imponente com uma entrada impressionante, repleto de colunas sustentadas pela figura de Atlas, correspondia ao número que me fora indicado. A magnificência do prédio era tão incongruente com a figura de Henri que pensei que ele me mandara para um endereço falso por vingança. A entrada estava bloqueada por uma porta enorme de ferro forjado e, por mais que eu procurasse, era impossível encontrar uma campainha, um interfone ou outro sistema que permitisse a entrada. A situação estava ficando ridícula. Já havia tentado timidamente bater na porta algumas vezes. Eu estava prestes a sair quando a porta começou a se abrir para um átrio muito refinado e um porteiro elegante, todo uniformizado, cumprimentou-me e perguntou se eu era o convidado do professor Gerard. Tentando esconder minha surpresa diante do luxo inesperado daquele edifício, eu disse que sim. O porteiro me levou até o elevador. "O apartamento de *monsieur* Gerard fica no quarto andar. Ele está aguardando o senhor."

O professor esperava por mim na entrada de seu apartamento, impecavelmente vestido com um terno sob medida. O espanto no meu rosto deve ter sido tão evidente que ele não conseguiu conter uma gargalhada estrondosa: "Entre, meu caro, e me desculpe se hoje minha vestimenta é tão diferente daquela de quando nos encontramos da última vez". Continuei olhando para ele sem acreditar. "Não há nada de inexplicável, acredite em mim. A versão de mim mesmo como caçador de livros que o senhor conheceu no mercado é a verdadeira. Não se impressione com as aparências. Eu não poderia me dar ao luxo de viver em um apartamento como este de jeito nenhum e o terno que estou usando é o único elegante que tenho, e eu o visto muito raramente. Mas hoje parecia uma ocasião que merecia ser celebrada. Dois colegas interessados pelas árvores da liberdade. Tenho certeza de que isso não acontece com frequência. Este apartamento me foi deixado de herança pelos meus pais. A família da minha mãe foi proprietária do prédio todo. No final, restou apenas este... e tenho sorte de não ter que pagar o condomínio. Não seria possível com a minha aposentadoria de professor do ensino médio. Bem", continuou sorrindo para mim, "espero que isso o faça recuperar a fala... senão terei que correr e me trocar".

Saí do estado de torpor no qual havia caído e murmurei algumas palavras de desculpas. Enquanto isso, Henri me conduziu por um apartamento monumental que, à primeira vista, só continha livros. Passamos por uma série interminável de cômodos vazios, onde se viam apenas estantes apinhadas de livros, do chão ao teto. Não havia uma única cadeira, uma mesa, um quadro, essas coisas que decoram nossas casas. Somente livros. Milhares e milhares de livros. Enquanto caminhávamos, o professor rapidamente me mostrou os assuntos pelos quais sua vasta biblioteca se dividia: "Nesta sala e na próxima, história antiga. Depois, Idade Média, Renascimento, Iluminismo. Aqui, viagens, ali, geologia", e assim por diante, sala após sala, assunto após assunto, até chegar a uma sala ampla. Finalmente, uma mesa larga, várias cadeiras e duas poltronas enormes. Em uma das paredes da sala havia uma lareira e, acima dela, no único espaço da casa não ocupado por livros, um grande quadro com um senhor sentado em uma escrivaninha usando uma vestimenta eclesiástica, que pensei ser um antepassado dele.

Ele indicou uma das poltronas e me convidou a sentar. Antes mesmo de se sentar na outra, ele já me perguntou com impaciência: "E então? Não me deixe ansioso. O que você descobriu sobre nossas queridas árvores da liberdade?".

Comecei a lhe falar sobre o conteúdo do livrinho. Eu havia me preparado para o exame e não faltaram dados e referências para a discussão. No entanto, nada do que eu dizia parecia interessá-lo. Acenava com a cabeça, como se já conhecesse todas as informações. A única novidade dizia respeito ao próprio livrinho. Ele não tinha conseguido encontrar nenhuma referência a essa obra de Grégoire. Nenhuma das fontes confiáveis por ele consultadas, incluindo o catálogo da Biblioteca Nacional da França, mencionava o ensaio do abade. Isso, porém, não era tão raro quanto podia parecer, especialmente em se tratando da produção editorial dos primeiros anos da Revolução. Naquela época, eram bastante comuns os ensaios de poucas páginas, como aquele que acabou em minhas mãos, pois serviam como manuais de referência para a cidadania. "Essas cartilhas", o professor começou, "continham indicações práticas, a serem seguidas, muitas vezes ponto a ponto, para obter resultados particularmente caros à Convenção." Entre todas as indicações relatadas pelo abade Grégoire, aquela que não convencia o professor era a necessidade, destacada várias vezes no texto, de que as árvores da liberdade fossem árvores enormes.

"Não entendo por que escolher árvores tão grandes", retomou o professor, balançando a cabeça. "Quanto à majestade e à longevidade, de acordo, mas achar espécies realmente grandes deve ter exigido um esforço enorme e recursos significativos." Isso não o persuadia, ele não podia acreditar que a Convenção tivesse demandado esses esforços em nome de um simples símbolo. "Na época, as dificuldades devem ter sido colossais", continuou. "Imagine ter que arrancar uma planta de vinte, trinta metros de altura, com peso presumível de toneladas. Buracos imensos devem ter sido cavados para preservar o precioso sistema de raízes. E como evitar que as árvores arrancadas caíssem no chão? Quantas pessoas foram necessárias para concluir uma operação como essa?" Enquanto falava, ele não parava de balançar a cabeça, com uma frequência cada vez maior, para enfatizar sua descrença de que tudo isso tivesse sido possível nos anos da Revolução. "E não era só isso", continuou. "As plantas tinham que ser transportadas por longas distâncias, por quilômetros, pelo meio de matas sem estradas. Não vejo como isso pode ter sido feito."

As dificuldades eram grandes mesmo. "Porém, professor, devemos ter cuidado para não incorrer no erro de acreditar que, no passado, as pessoas não fossem capazes de realizar obras colossais. Basta olhar para as pirâmides. Mesmo sem os meios mecânicos de hoje, o ser humano sempre foi capaz de executar grandes obras." Henri não parecia convencido. "Não sei. O senhor tem razão sobre o passado, mas, neste caso, alguma coisa destoa. O senhor consegue ver a Convenção obrigando milhares de pessoas a trabalhar tanto por conta de um mero símbolo? Era uma época em que se lutava pela sobrevivência da população e pelos ideais da Revolução."

Ele parou e foi até uma prateleira, de onde tirou as portarias da Convenção de 1792. "Veja aqui: alimentação, transporte, limpeza, guardas, animais, canais, defesa, fronteiras, esses eram os temas em pauta. Certamente não o deslocamento de árvores mastodônticas das florestas para o centro das cidades. Quanto mais penso nisso, mais me parece uma grande loucura. E lembre-se sempre que se tratava de uma portaria da Convenção! Não seriam toleradas nos centros dos vilarejos plantas mortas para representar a Revolução. Sinceramente, eu não consigo entender. Mesmo hoje, com meios bem mais potentes, quando árvores muito grandes são removidas, a taxa de sobrevivência é muito baixa. Poucas empresas especializadas conseguem garantir boas taxas de sobrevivência. Na época, muitas dessas árvores devem ter morrido e, para os responsáveis, não deve ter sido fácil explicar o motivo."

Ele estava certo, isso também havia chamado minha atenção. Alguns anos antes, um amigo querido havia me mostrado algumas imagens que documentavam os trabalhos necessários para a transferência de grandes espécies de árvores de uma floresta para o jardim da mansão de um magnata russo. Embora se tratasse de transportar árvores por menos de cinco quilômetros, foi preciso criar estradas no meio da mata, largas e sólidas o suficiente para permitir a passagem de meios mecânicos e possibilitar o transplante. Andaimes, guindastes, escavadeiras e caminhões com dezenas de metros de comprimento foram usados para transportar as árvores da floresta até a mansão. Mas, na época do abade Grégoire, como dezenas de milhares de árvores majestosas poderiam ter sido transportadas das florestas para as vilas habitadas e, em seguida, plantadas de forma que pudessem sobreviver? Deveria ser uma operação complexa, envolvendo grande número de pessoas. Como explicar a falta de vestígio dessas obras heroicas? O professor interveio: "O senhor tem razão! Eu não tinha pensado nisso. Deveria haver gravuras de todos os tipos para comemorar um feito como esse, o transporte daquelas árvores enormes pela França. No entanto, não me lembro de ter visto nenhuma. São centenas de desenhos de árvores da liberdade, mas nenhum que mostre o transporte delas das florestas para as cidades". Ele se levantou novamente e, sem hesitação, tirou de uma prateleira um livro volumoso dedicado a gravuras revolucionárias. "Dê uma olhada neste aqui, enquanto preparo o café. Talvez tenhamos sorte." Ele me entregou o volume e se afastou na direção oposta de onde havíamos vindo.

Comecei a folhear o livro distraído, passando lentamente as páginas uma a uma e dedicando uma atenção apática às gravuras que se sucediam. Eu estava muito mais interessado em olhar o que havia ao redor. Qual seria o tamanho daquele apartamento? Só a sala onde estávamos, calculei, devia ser muito maior do que o meu apartamento na Itália. Aos preços de Paris, ser dono de um apartamento daquele tamanho e naquela área fazia do professor um homem muito rico... Mas alguma coisa ali não se encaixava. A ausência de móveis, a limpeza nada impecável, as roupas, tudo, exceto o terno luxuoso que ele estava usando, contava uma história diferente. Muito mais modesta. E os livros também. Como tinha sido possível comprá-los apenas com a aposentadoria de professor?

Esses eram os pensamentos que passavam pela minha cabeça quando, em uma página do pesado livro que eu estava folheando, algo chamou minha atenção. Era um mapa da Europa e da América e, se não fosse pelas palavras no topo, "árvores da fraternidade", e pela data de 1848, provavelmente eu não teria me detido. À primeira vista, não havia nada digno de nota, porém o título era claro. De alguma forma, aquele mapa dizia respeito ao tema em que estávamos interessados. Apesar de observar com atenção, não havia nada de excepcional. Tudo estava no devido lugar e nada parecia diferenciá-lo de um mapa geográfico comum. Como explicar o título "árvores da fraternidade"?

Aproximei os olhos do mapa para observar melhor. Parecia tratar-se de uma densa rede que unia vilas e cidades de um lado a outro do Atlântico. Senti uma corrente elétrica percorrer minha espinha. Revisei o mapa com mais calma. Precisava ter certeza. Na verdade, pareciam raízes, mas o mapa que eu estava olhando era apenas uma reprodução – e nem tão detalhada. Talvez fossem apenas dobras do papel, sombras ou linhas que significavam outra coisa. Talvez eu estivesse tão acostumado a estudar sistemas radiculares que os via em toda parte. No entanto, quanto mais eu olhava para aquele mapa, mais me parecia que as raízes se espalhavam entre os topônimos. Resolvi pensar em algo diferente, perguntaria ao professor o que ele via ali. Fui tomado pela sensação típica de quando olhamos para as nuvens e, de repente, vemos surgir uma imagem com tal nitidez e precisão que não podemos entender como as outras pessoas não conseguem vê-la ou então a veem de maneira distinta.

O professor me chamou da cozinha: "Venha me dar uma mão, por favor. Não consigo levar tudo para a sala". Eu o ajudei a trazer o café e o que era preciso para servi-lo e nos sentamos nos lugares de antes.

"O senhor não encontrou nada?" "Alguma coisa, talvez, mas eu gostaria que o senhor me dissesse o que pensa." Abri o livro na página do mapa e o passei para ele. "Árvores da fraternidade", o professor leu, "são a mesma coisa. Árvores da liberdade ou da fraternidade; eram chamadas indiferentemente de uma forma ou de outra." Eu esperava ansioso, não queria ser o único a sugerir o que olhar. "Não vejo nada de interessante nisso. O que eu não entendo é o porquê desse cabeçalho. Esperaríamos ver um mapa com a localização das árvores, mas não é o caso. Um mapa geográfico muito comum." Ele olhou para mim com curiosidade: "O que eu deveria olhar?". Limitei-me a sugerir: "Dê uma olhada mais de perto, por favor". Eu não queria de forma alguma influenciá-lo.

O professor colocou os óculos e puxou o mapa para verificar os detalhes. De repente, seu rosto foi tomado por uma expressão de perplexidade e seu olhar se desviava de um lado do mapa para o outro, aproximando-se e afastando-se dele. Ele parecia cada vez mais perplexo à medida que o exame cuidadoso revelava algo que não havia sido notado até então. "O senhor quer dizer essas linhas finas, certo?" Concordei, satisfeito. Ele também as via. "Parecem uma espécie de rede de estradas ligando vilas e cidades entre os dois continentes. Mas é claro que não podem ser estradas. Veja aqui, por exemplo, dezenas dessas linhas cruzam os Alpes em áreas onde não há caminhos nem passagens. Além disso, algumas áreas são muito mais densamente atravessadas por linhas do que outras, apesar de serem regiões onde, em 1848, devia haver bem poucas vias de comunicação. Veja aqui no sul da Itália", aproximou a cadeira para que pudéssemos estudar o mapa juntos: "uma densa rede de linhas cobre toda a Calábria. Só que naquela época havia poucas estradas nesse ponto. Quem quisesse ir de Nápoles à Sicília teria que ir de navio justamente pela dificuldade de encontrar rotas viáveis."

Ele se levantou e foi buscar em outra sala um mapa rodoviário de 1880. Os recursos daquela biblioteca eram infinitos. "Isto é do mercado George Brassens", disse ele com um sorriso, enquanto o folheava até chegar a um mapa do sul da Itália. "Aqui está. Na Calábria, em 1890, aparecem bem poucas estradas... já a nossa rede na mesma área é muito densa, apesar de se referir a um período de cinquenta anos antes." O professor levantou a cabeça do mapa e olhou para mim, confuso: "O que o senhor acha que essas linhas significam?". Enquanto ele falava, uma ideia maluca rodava pela minha cabeça, sobre a qual eu ainda não queria falar. Eu precisava pensar a respeito. Por isso, fui vago: "Para mim, parecem raízes que unem regiões, cidades e vilas dos dois lados do Atlântico". "Raízes?" Ele olhou para mim como se eu tivesse enlouquecido. "Sim, raízes, e não me olhe como se eu fosse louco. Passei minha vida adulta estudando raízes. Acredite em mim, posso reconhecer um rizoma quando vejo um. E isso aqui neste mapa é, sem dúvida, a representação topográfica de uma rede rizomática. Na verdade, se o senhor quer mesmo saber, acredito que

é a representação de uma rede de redes de rizomas." "Uma...
o quê?", perguntou o professor quase gritando. "Tem exatamente a forma de uma representação em papel de uma rede subterrânea de raízes que une as árvores de uma floresta."

Seu olhar estava muito mais atento. "O senhor poderia me explicar melhor? De maneira simples, por favor. Apesar da minha paixão por plantas e livros de botânica, meu conhecimento do funcionamento de uma planta é rudimentar." "Pois bem, isto deve ser bem rudimentar: as árvores que fazem parte de uma floresta ou de um bosque não estão separadas umas das outras; elas formam, por meio das raízes, uma rede subterrânea que as une em uma rede enorme e difusa. Em outras palavras, uma floresta deve ser vista como um superorganismo nascido da interação entre as árvores que fazem parte dela. Um pouco como acontece em uma colônia de formigas: há muitas formigas que formam uma colônia, mas a colônia inteira se comporta como se fosse um único indivíduo. O mesmo vale para as árvores."

Olhei para ele: "Isso não lhe sugere nada?". O professor olhou para mim indeciso: "O que deveria me sugerir?". "O fato de que as árvores estão ligadas em uma comunidade. Ou em uma 'fraternidade', para usar uma terminologia mais próxima dos seus temas de estudo." "Então, se eu entendi o que o senhor está me dizendo, estes mapas indicam uma fraternidade de árvores?" Eu o interrompi: "Não de simples árvores, mas de árvores da liberdade. Aliás, o uso do termo menos comum, de árvores da fraternidade, não é coincidência. Posso estar errado, mas me parece que o autor deste mapa queria nos mostrar justamente os valores e os benefícios dos quais uma fraternidade de indivíduos pode se gabar em relação a indivíduos isolados. Pensando bem, o lema da Revolução Francesa, *Liberdade, Igualdade, Fraternidade*, embora nunca tenha sido plenamente realizado em nenhuma comunidade humana real, concretiza-se com perfeição nas comunidades vegetais, que vivem em regime de partilha perfeita por meio das redes que as unem".

O professor me interrompeu imediatamente; ele era muito mais indisciplinado do que eu como aluno. "Se o que o senhor está dizendo é verdade, deve ser fácil de confirmar." "Como?", perguntei. "Para começar, se este mapa realmente identifica as relações entre as árvores da fraternidade, cada nó da rede deve sinalizar o lugar onde uma árvore foi plantada durante a Revolução." "Não só durante a Revolução de 1789", observei. "Veja a data: 1848. Não acho que seja uma coincidência. Li que a prática 'revolucionária' de plantar árvores da liberdade ou da fraternidade prosseguiu ainda com mais força durante os acontecimentos de 1848."

Enquanto eu continuava a falar, o professor tinha se distraído procurando alguns livros entre as intermináveis filas de estantes. Ele ia de um lado para o outro da sala, seguindo seções e pistas que só ele entendia, murmurando o nome de autores e o título dos livros que passavam diante de seus olhos. Tirava um livro depois do outro, folheava rápido e nervosamente e o devolvia ao lugar. "Lembro-me muito bem de ter visto uma lista das árvores da liberdade plantadas até 1792. Mas não consigo encontrar." O professor continuou a atravessar a sala de uma ponta a outra até dizer um "Finalmente!" libertador; puxou um livrinho do início do século XX com uma lista de municípios e cidades onde com certeza haviam sido plantadas árvores da liberdade.

A essa altura, ficou impossível manusear aquele monte de livros que estávamos consultando sentados nas poltronas. O professor sugeriu que fôssemos até a mesa grande para trabalharmos com mais conforto. "Então, eu lhe digo o nome do lugar e o senhor vê se ele existe no papel e, sobretudo, se é um nó da sua rede de rizomas." Ele começou a listar uma série de nomes de vilarejos. Imediatamente, sugeri inverter os

**35**

papéis, pois meu conhecimento da geografia francesa não era detalhado o suficiente para saber a localização dos minúsculos vilarejos que ele estava listando. "Mas eu também não faço ideia de onde ficam Vaudeurs ou Hirsingue. Melhor confiar na internet para encontrar os locais exatos." Desse modo, depois de lidos os topônimos, eu traçava a posição exata deles na internet e tentava localizá-los em nosso mapa. Logo ficou claro para nós que o sistema não estava funcionando. Era um mapa que media originalmente mais de um metro e meio de comprimento por um metro de largura; havia sido bastante reduzido para caber nos dois lados do volume e muitos topônimos estavam ilegíveis. Para continuar o trabalho, teríamos que encontrar o original ou uma reprodução mais detalhada. Só assim seria possível ler corretamente os nomes dos lugares e nos assegurarmos de que as linhas que víamos em nossa reprodução representavam de fato um sistema radicular. Enfim, para ter certeza de que toda essa história não era fruto da minha imaginação, teríamos que estudar o original. Embora o volume não contivesse nenhuma pista para traçar a localização do mapa original, o professor tinha certeza de que o encontraríamos rapidamente: "Na Biblioteca Nacional poderão nos contar algo ou, melhor ainda, no Museu Carnavalet, que tem uma coleção imponente de gravuras da Revolução. Um velho amigo meu trabalha lá, ligo para ele amanhã de manhã e aviso o senhor".

Na manhã seguinte – eu ainda não tinha terminado o café da manhã –, o professor me telefonou: "Por favor, venha agora mesmo ao Carnavalet. Encontrei o original. Parece que o autor queria mesmo projetar um enorme sistema radicular global. Venha logo, estou curioso para saber o que o senhor vai achar". Eu me apressei e, menos de meia hora depois, estávamos ambos diante de uma cópia de uma figura das árvores da fraternidade. As dimensões eram muito maiores do que a minúscula reprodução que havíamos tentado estudar na noite anterior. As linhas muito tênues e quase imperceptíveis que ligavam diferentes cidades e regiões, sem dúvida, revelaram-se raízes. Além disso, na reprodução que havíamos consultado na casa do professor, faltava toda a parte superior. No original que tínhamos em mãos, a representação aparecia em sua totalidade. Era um choupo imenso de cuja base se ramificava o aparato de raízes que se estendia de forma capilar pela Europa e pela América.

"É, para todos os efeitos, um mapa, ou, se você preferir, uma planta", interveio o professor, satisfeito com o trocadilho, "que representa todas as árvores da liberdade plantadas até 1848." "É isso mesmo. E é também uma planta muito detalhada, eu diria. Agora que não é mais um problema localizar as raízes no mapa, podemos ver que os topônimos envolvidos são literalmente milhares."

Retomamos o trabalho do dia anterior, usando a lista que o professor trouxera consigo. Henri lia os nomes dos lugares onde uma árvore da liberdade havia sido plantada e eu verificava se as raízes no mapa criavam um nó que correspondesse ao mesmo topônimo. Enfim, ficou evidente que tínhamos em mãos um mapa de todas as árvores da liberdade. Além de todos os lugares da lista estarem presentes no mapa, a espessura das raízes que ligavam os diferentes lugares aumentava quanto mais árvores da fraternidade houvesse em uma região. Uma representação fascinante do funcionamento de uma rede, como pode ser encontrada hoje no trabalho de qualquer pessoa que se dedica a sistemas complexos,[3] mas em 1848 era algo decididamente de vanguarda.

---

**3** Nas representações científicas, o gráfico é composto de um conjunto de elementos chamados nós ou vértices conectados por linhas denominadas arcos, lados ou arestas. No caso das árvores da fraternidade, trata-se de uma rede radical, na qual os nós representam os

"O senhor reconheceu a árvore à qual pertence o sistema rizomático que estamos estudando? É um choupo." "E…" "Não creio que essa espécie tenha sido escolhida por acaso. O nome latino do choupo é *populus*, 'gente'. O autor desta impressão queria enfatizar o valor simbólico da árvore. Enfim, a planta do mundo é a árvore dos povos que abraçaram o espírito da Revolução."

Naquele dia, terminamos de verificar a lista de árvores da liberdade e, graças ao mapa, adicionamos muitas mais. De acordo com a lista que havíamos feito, centenas, talvez milhares de árvores da liberdade teriam sido plantadas somente em Paris; na prática, elas foram distribuídas para que sempre houvesse alguma por perto. Em toda pracinha, largo, espaço aberto ou pátio grande o bastante para abrigar uma delas. Os subúrbios de Paris devem ter sido igualmente cobertos com árvores. Um número realmente significativo foi plantado na França em 1792. O abade Grégoire escreve: "Em todas as cidades se veem árvores magníficas que, erguendo a copa, desafiam os tiranos: o número dessas árvores chega a mais de 60 mil, pois os vilarejos menores são enfeitados com elas e, em muitas das grandes cidades dos departamentos do sul da França, elas estão em quase todas as ruas ou mesmo diante das casas".

Restaram apenas algumas sobreviventes dessas árvores da fraternidade que durante algum tempo uniram os lugares da Revolução em uma rede invisível, todas escondidas em lugares remotos da Europa. Em grandes cidades como Paris, não há mais nenhuma. Por terem sido símbolos tão visíveis, tornaram-se alvo de represálias. Foram mutiladas, cortadas, dilaceradas, gravadas com inscrições monarquistas. Em

locais onde foram plantadas as árvores da liberdade, e os arcos são as raízes que conectam essas localidades.

decorrência do fato de terem sido transformadas em objeto de lei pela Convenção, tais árvores passaram a ser vistas como um dos emblemas mais evidentes de um regime odiado por muitos. Já em 1800 (oitavo ano da Revolução), restavam poucas. Essas sobreviventes, durante o período do Consulado e do Império, foram rebatizadas de "árvores de Napoleão", até serem definitivamente eliminadas durante a Restauração.

As árvores da liberdade foram replantadas em 1848 e novamente durante a breve experiência da Comuna de 1871. Contudo, cada vez que o regime político mudava, as árvores pagavam a conta. Fáceis de cortar, fazem um enorme barulho quando caem e não oferecem grande resistência. Assim, as sobreviventes daquela época em que elas uniam os povos são muito poucas, não foram registradas e geralmente se localizam em cidadezinhas ou vilarejos remotos na França ou na Itália. Na Calábria, por exemplo, encontramos algumas que escaparam da Restauração Bourbon ou, pior, da urbanização selvagem. Mas essas árvores estão desaparecendo. Logo não haverá mais nenhuma. Seria importante protegê-las e contar a sua história, antes que reste apenas a árvore da liberdade representada na moeda francesa de dois euros.

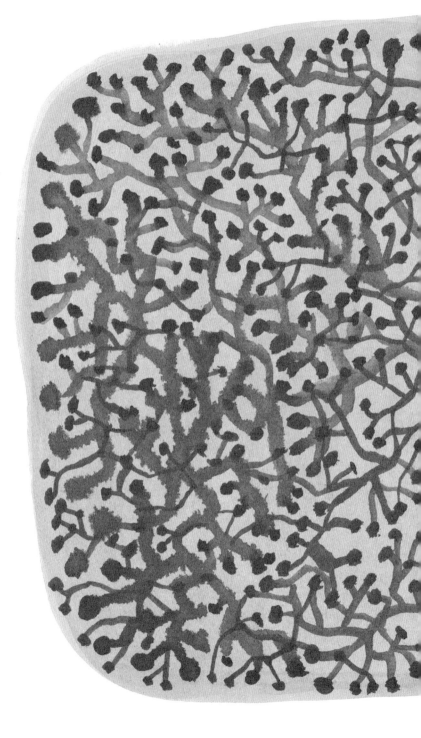

# 2

# A PLANTA DA CIDADE

A história das árvores da liberdade que já enfeitaram a paisagem de muitas cidades grandes e pequenas me vem à mente toda vez que me deparo com uma das três magníficas pinturas renascentistas conhecidas como *A cidade ideal*, nas quais, ao contrário, não se vê nem a sombra de uma árvore. Esses trabalhos estão expostos na Galleria Nazionale delle Marche, em Urbino, no The Walters Art Museum, em Baltimore, e na Gemäldegalerie, em Berlim. São três pinturas muito conhecidas, todas anônimas, porém, sem dúvida, têm origem italiana e representam o ideal da cidade perfeita. Observando com atenção, é possível verificar que não há nenhum indício de vegetação nas três obras, a não ser algumas plantas usadas como decoração em janelas e varandas na pintura de Urbino. Tomemos essa como exemplo. É a mais famosa e a mais bonita, atribuída por muitos a Leon Battista Alberti (1404–1472), pai da arquitetura renascentista e autor de *De re aedificatoria* [Da arte de construir], o tratado arquitetônico fundamental da cultura humanista. A pintura representa uma praça vista do centro, no meio da qual há uma magnífica igreja. A praça é muito ampla, com um pavimento geométrico que a transforma em um grande tabuleiro de xadrez, no qual os edifícios, como peças de jogo, estão dispostos em distâncias regulares. A igreja circular, figura perfeita e acabada, os dois poços octogonais simétricos, as relações entre as dimensões dos edifícios: tudo nessa cidade parece ser puro desdobramento do pensamento humano. A vegetação não é contemplada dentro da cidade ideal, aquela que celebra a arquitetura e o pensamento filosófico que a sustenta. Claro, pode-se argumentar que não se trata de uma ausência significativa porque são apenas representações de cidades, e não cidades reais. É verdade. Mas, elas são, sem dúvida, a expressão de como uma cidade deve ser.

Afinal: que aspecto mais influencia na construção de nossas cidades? O que acreditamos que uma cidade deve ser ou para que deve servir? Embora a resposta inevitável seja que ambos os aspectos são relevantes, acredito que a herança cultural desempenha papel preponderante. E, em certo sentido, corrobora também a memória evolutiva que influencia a maneira como nossa casa deve ser construída. Muito dessa memória ancestral diz respeito à necessidade de se defender. A partir do momento em que o primeiro ser humano sentiu a necessidade de construir uma cabana para se instalar definitivamente em um local, a consequência inevitável dessa decisão foi traçar uma separação entre seu refúgio e a natureza ao redor. A defesa contra predadores, animais ou humanos, sempre foi um aspecto essencial a ser considerado na construção de nossos assentamentos. A separação entre o lado de fora da cidade, onde a natureza reina suprema, e o interior, do qual, ao contrário, a natureza é totalmente removida, é uma reminiscência ancestral de tempos longínquos.

A cidade antiga precisava de muros e de outros mecanismos de defesa que mantivessem o seu interior separado e defendido de um exterior ameaçador. A presença desse perímetro intransponível, por sua vez, fazia com que as dimensões urbanas não fossem muito extensas e que as principais atividades produtivas, como a agricultura, não encontrando espaço no interior das muralhas da cidade, tivessem que sair do centro habitado. O que une as cidades de todos os tipos e de todos os tempos, segundo o historiador inglês Arnold J. Toynbee (1889–1975), é que os habitantes de uma cidade não conseguem produzir, dentro dos limites que ela apresenta, os alimentos dos quais necessitam para sobreviver.[1] Uma cidade está, portanto, necessariamente separada do contexto natural que a acolhe. É algo muito diferente da própria natureza. É o lugar dos seres humanos. Um lugar criado por nós onde a natureza não é admitida.

Mas será que a forma da cidade como a conhecemos é a única plausível? Não seria possível imaginar de modo diferente o que hoje é considerado o lar de nossa espécie? Até agora, deixamos esse exercício de imaginação exclusivamente para os arquitetos, embora eu acredite ser essencial que ele se torne um exercício mental para todos nós. Na verdade, boa parte de nossas chances de sobrevivência depende de como vamos imaginar nossas cidades nos próximos anos. Para citar apenas um exemplo, a possibilidade de vencer o desafio do aquecimento global está ligada à forma, aos materiais e à funcionalidade das cidades.

No entanto, para entender um pouco mais, precisamos olhar essa história com cautela.

O ser humano é cada vez menos um habitante global deste planeta. Ele foi durante sua história recente, quando podiam ser encontradas populações humanas em todos os cantos remotos da Terra. Mas não mais. Hoje, o ser humano se concentra em uma pequena parte da superfície do planeta, onde estão as cidades. Em 2050, 70% da população humana – que

---

1 Arnold J. Toynbee, *Cities on the Move*. Oxford: Oxford University Press, 1970.

deverá ser em torno de 10 bilhões de pessoas – viverá em centros urbanos, muitos dos quais abrigarão várias dezenas de milhões de habitantes.

Não percebemos a velocidade surpreendente desse fenômeno. Em 1950, mais de dois terços (70%) das pessoas em todo o mundo ainda viviam em assentamentos rurais. Em 2007, pela primeira vez na história a população urbana superou globalmente a rural e, desde então, a velocidade do fenômeno só aumentou. Em 2030, segundo as previsões, 60% da população mundial viverá em áreas urbanas e, vinte anos mais tarde, a porcentagem aumentará para 70%, invertendo completamente a distribuição global da população rural / urbana em apenas um século (1950–2050),[2] decerto com variações importantes nas diferentes áreas do mundo. De um lado, a África, que continua com uma população espalhada e prioritariamente rural, do outro, o continente americano (América do Norte e do Sul), onde, hoje, mais de 80% da população vive em cidades. Na Itália, a porcentagem de habitantes das áreas urbanas já alcança 71%; na Alemanha, em torno de 75%; enquanto na França, Espanha e Grã-Bretanha, esse número ultrapassa largamente os 80%.

O que chama a atenção nessa aceleração tão rápida rumo à urbanização é o fato de ela contrastar totalmente com o resto de nossas atividades. A comunicação, o comércio, a alimentação, a indústria, a cultura e qualquer outra forma de manifestação humana que possa vir à nossa mente tendem a assumir um caráter universal e difuso. Nos tempos atuais, ao contrário, cada vez mais as possibilidades de escolha do lugar para morar se reduzem a uma parte exígua da superfície terrestre. Excluindo a Antártica do cálculo, as cidades, todas

---

**2**   ONU, *World Urbanization Prospects: The 2018 Revision*. New York: ONU, 2019.

juntas, cobrem uma área equivalente a 2,7%[3] da massa terrestre do planeta. A irresistível atração que elas exercem leva, por um lado, ao despovoamento de vastas áreas anteriormente habitadas e, por outro, à concentração da população em locais com densidade demográfica muito elevada.

O ponto que acho mais interessante de toda essa história é que o ser humano, em poucos anos, está revolucionando o próprio comportamento atávico da espécie. A conquista de novas terras tem sido a principal atividade de nossa espécie desde o seu surgimento. Durante centenas de milhares de anos, temos procurado novos territórios para habitar, movendo-nos da África para todos os outros lugares do planeta. No entanto, em um período relativamente curto, paramos, como exemplifica a triste história da exploração espacial. Em 1969, pisamos na Lua pela primeira vez... e basicamente nunca mais voltamos. O comandante Eugene Cernan, os pilotos Harrison Schmitt e Ronald Evans, acompanhados de cinco ratos, continuam a ser não apenas os últimos humanos (e ratos) a visitar a Lua, como, desde dezembro desde 1972, foram os últimos seres vivos a ultrapassar a órbita terrestre baixa.[4] A sensação é de que o pouso na Lua foi o apogeu da expansão humana. Pela primeira vez, um novo território não se tornou parte de nosso hábitat; pela primeira vez, não tivemos pioneiros; pela primeira vez na história da exploração humana, por cinquenta anos não voltamos a um lugar que exploramos. O impulso de expansão

---

**3**  Socioeconomic Data and Applications Center, Gridded Population of the World (GPW) (disponível em: sedac.ciesin.columbia.edu/data/collection/gpw-v4) e The Global Rural-Urban Mapping Project (Grump) (disponível em: sedac.ciesin.columbia.edu/data/collection/grump-v1).

**4**  Uma órbita ao redor da Terra a uma altitude entre a atmosfera e o cinturão de Van Allen, ou seja, entre 160 e 2 mil quilômetros.

parece ter se esgotado. Ninguém parece ter mais interesse em colonizar novos territórios, enquanto todos sentem uma atração irresistível para se concentrar nos centros urbanos.

Esse comportamento depende do quê? A alternância das fases de expansão e contração é normal na distribuição geográfica de todas as espécies vivas, sejam plantas, sejam animais. Será que o ser humano está passando pela fase de contração? Estamos acostumados a nos considerar fora da natureza, entretanto, respondemos aos mesmos fatores fundamentais que controlam a expansão das espécies: clima, mudanças no ecossistema, interações entre espécies, fatores abióticos etc. É muito simples. Quanto mais favoráveis as condições, maior a disseminação de uma espécie e, portanto, maiores suas chances de sobrevivência. Essa afirmação não é novidade. Imaginemos que uma espécie, antes espalhada pelo planeta, por algum motivo, conhecido ou não, restrinja sua presença a pequenas áreas delimitadas da superfície terrestre. É claro que os riscos para essa espécie vão aumentar.[5] Na verdade, é muito mais fácil ocorrer alguma mudança incompatível com a sobrevivência dela no âmbito local do que no global.

Ora, os organismos capazes de colonizar ambientes muito diferentes em termos de clima, disponibilidade nutricional, presença de predadores etc. são chamados de "generalistas", ao passo que os demais, aqueles que precisam de ambientes especiais para sobreviver, são os "especialistas".[6] Obviamente, as chances de sobrevivência das espécies generalistas são

---

**5** Marcel Cardillo et al., "The Predictability of Extinction: Biological and External Correlates of Decline in Mammals". *Proceedings of the Royal Society B*, v. 275, 2008, n. 1641, pp. 1441–48.

**6** Martin Warren et al., "Rapid Responses of British Butterflies to Opposing Forces of Climate and Habitat Change". *Nature*, n. 414, 2001, pp. 65–69.

muito maiores. Quando as condições ambientais mudam, elas conseguem se adaptar melhor do que os especialistas, que, por sua vez, tendem a se extinguir com mais facilidade.[7]

Vamos pensar, para dar apenas um exemplo, nas diferentes capacidades de sobrevivência de um onívoro, que pode se alimentar de vários alimentos de origem animal ou vegetal, em comparação com as de um monófago, como o coala, cujo único alimento são folhas de eucalipto. Atenção. Não é apenas a dieta que define se uma espécie é generalista ou especialista. Um cacto é um exemplo de espécie vegetal adaptada para sobreviver em altas temperaturas e em condições de escassez de água, portanto, especialista. Na verdade, dentro de seu ambiente restrito, ele é muito competitivo com outras espécies, porém fora dele não consegue sobreviver.

A julgar pela parábola de nossa expansão geográfica, parece que o ser humano, de uma espécie generalista, capaz de colonizar qualquer ambiente, está se transformando muito rapidamente em um organismo especialista, que tem êxito em prosperar em hábitats determinados: as cidades. Estas, de fato, independentemente da sua história ou localização geográfica, têm características comuns inexistentes no meio rural. Forçando um pouco, poderíamos descrever nossas cidades usando o conceito ecológico de *nicho*.

Conforme sua primeira formulação,[8] elaborada e divulgada por Joseph Grinnell, biólogo e zoólogo americano atuante no início do século XX, o nicho ecológico de uma espécie é determinado pelas características fundamentais de seu hábitat e pelas adaptações que ela faz nele para se multipli-

---

**7**   Colin R. Townsend, Michael Begon e John L. Harper, *Essentials of Ecology*. Oxford: Blackwell, 2003.

**8**   Joseph Grinnell, "The Niche-Relationships of the California Thrasher". *The Auk*, n. 4, v. 34, Oxford, 1917, pp. 427–33.

car e se espalhar. Por exemplo, voltando ao nosso cacto, seu nicho é definido pelo hábitat do deserto e pelas características físicas e comportamentais da planta, que permitem uma adaptação bem-sucedida. Ora, se aplicarmos essa definição de nicho ecológico às nossas cidades, será possível perceber que, para nós, os centros urbanos estão se tornando exatamente o que o deserto é para os cactos, o único lugar onde podemos pensar em prosperar e nos multiplicar, pois é o lugar no qual nossa "especialização" nos permite ter as melhores chances de sobrevivência.

Portanto, no meio urbano, a eficácia da nossa ação, calculada em termos de produtividade ou renda (uma afirmação bastante questionável, tenho consciência disso), parece ser muito melhor do que em qualquer meio rural. Prova disso é a relação entre o aumento do Produto Interno Bruto (o famigerado PIB) *per capita* e a urbanização. Em 2008, segundo uma pesquisa realizada em 181 países, foi associado um aumento de 10% na urbanização a um aumento de 61% no PIB *per capita*.[9] Dentro do nicho urbano, não apenas a produtividade, mas também a eficiência de quase todas as atividades que se queiram analisar, melhora consideravelmente *pari passu* com a disponibilidade. De fato, em quase todo lugar, os serviços de saneamento, acesso à água potável, transporte, escolas, hospitais etc. são muito superiores nas cidades em face do que se pratica nos ambientes rurais.[10]

As vantagens dessa especialização não demoraram a surgir. Se observarmos qualquer gráfico que mostre a tendência

---

**9** Edward Glaeser, "Cities, Productivity, and Quality of Life". *Science*, v. 333, n. 6042, Washington, 2011, pp. 592–94.

**10** David E. Bloom, David Canning e Günther Fink, "Urbanization and the Wealth of Nations". *Science*, v. 319, n. 5864, Washington, 2008, pp. 772–75.

de crescimento da população humana ao longo do tempo, perceberemos que um aumento significativo populacional teve início há cerca de dois séculos. Depois de milhares de anos em que o crescimento da população humana foi marcado pela lentidão a ponto de se tornar praticamente imperceptível, quase de repente, no século XIX, algo mudou e a população atingiu 1 bilhão de pessoas. E depois disso a aceleração só continuou. Foram necessários 127 anos para chegar a 2 bilhões; 33 anos para chegar a 3 bilhões; 14 anos para superar a marca dos 4 bilhões; e assim por diante. Um crescimento irrefreável que vê na Revolução Industrial uma das suas causas, mas não a única. A urbanização e o desenvolvimento da cidade moderna têm, com efeito, favorecido o crescimento demográfico pelo menos na mesma medida que a Revolução Industrial.[11] Os dois fenômenos estão de fato ligados. São duas manifestações da especialização humana no meio urbano.

Tudo bem, então? Mais ou menos. Se as vantagens de morar na cidade são inúmeras e indiscutíveis, é igualmente verdade que a concentração de grande parte da espécie humana em ambientes tão peculiares como as cidades envolve riscos que não podem ser subestimados. O motivo é o mesmo pelo qual o coala é muito mais suscetível à extinção do que os ratos: a especialização extrema. A transformação da nossa espécie de generalista em especialista, se vantajosa por um lado, em termos de acesso aos recursos, eficiência, defesa e difusão da espécie, por outro, expõe-nos a um risco terrível. Na verdade, se as próprias condições urbanas que nos permitem prosperar mudarem, haverá um impacto significativo em nossas chances de sobrevivência.

---

**11**　E. Glaeser, *Il trionfo della città: Come la nostra più grande invenzione ci rende più ricchi e felici*. Milano: Bompiani, 2013.

A hipótese é muito simples. A especialização de uma espécie é eficaz apenas em um ambiente estável. Em condições ambientais mutáveis, torna-se perigosa. Nosso sucesso urbano requer um fluxo contínuo, um crescimento exponencial de recursos e energia. Sem um fornecimento contínuo de petróleo, gás, água potável, madeira, alumínio, ferro, cobre, lítio, tungstênio, fósforo, potássio, nitrogênio, cobalto, rutênio, molibdênio, lantânio, lutécio, escândio, ítrio, neodímio etc., o crescimento e a manutenção de nossa espécie não podem ser garantidos. Ora, muitos desses recursos e muitos outros que não mencionei estão (rapidamente) se esgotando. Eu acho que, quando eles começarem mesmo a escassear, encontraremos substitutos ou começaremos a fazer o que for preciso para reciclá-los. Em certo sentido, ainda que urgente, esse não é o ponto mais importante.

O que mudará definitivamente o ambiente de nossas cidades é o aquecimento global. Um fenômeno tão repentino e de tais proporções que representa exatamente aquela mutação perigosa das condições das quais estamos falando. E que, paradoxalmente, tem sua origem principal nas cidades. As cidades são, de fato, os principais motores de nossa agressão ao meio ambiente. Atualmente, elas produzem 75% das emissões de carbono e 70% dos resíduos, além de serem responsáveis por cerca de 70% do consumo global de energia e por mais de 75% do consumo mundial de recursos naturais. Até 2050, as cidades deverão ter capacidade para abrigar mais 2,5 bilhões de pessoas, com um consumo de recursos que, no momento, é difícil de imaginar. Diante desses números, fica claro que qualquer solução para o problema do impacto humano só pode passar pelas cidades.

Mas quais podem ser essas soluções? Felizmente são muitas e vão mudar todos os aspectos do funcionamento da cidade. Do transporte ao consumo de água, da produção de resíduos à emissão de dióxido de carbono, tudo voltará a ciclos fechados que tornarão o funcionamento delas muito mais eficiente. Soluções existem e, embora lentamente, serão capazes de limitar os danos.

Repensar profundamente nossa concepção de cidade: eis algo que não podemos mais adiar. Se elas se tornaram o único lar da humanidade, não podemos continuar a imaginá-las como algo separado da natureza ao seu redor. Para dar uma ideia, aquelas imagens de ficção científica de uma Terra completamente coberta por grandes cidades de vidro e metal, sem sombra de verde e com rios de máquinas voadoras, são completamente enganosas e representam um futuro distópico e impossível. Cidades como a Los Angeles de *Blade Runner*, Trantor, planeta-capital do primeiro império galáctico de Asimov, ou, para manter o alto nível das referências, a Ecumenópolis, que, segundo o urbanista grego Constantinos Apostolou Doxiadis (1913–1975), fundiria em um futuro distante todas as megalópoles do mundo, não têm chance de existir porque são claramente insustentáveis. Para sobreviver, as cidades precisam de fluxos enormes e contínuos de energia e materiais, ou seja, de recursos que devem ser produzidos em outro lugar.

Para esclarecer a questão dos recursos necessários a uma cidade, podemos usar o conceito de pegada ecológica, descrito por Mathis Wackernagel e William Rees, os criadores desse termo, como "uma ferramenta de contabilidade que permite estimar o consumo de recursos e a necessidade de processamento dos resíduos de determinada população humana, ou de uma economia, em relação a determinada área de produção".[12] Em outras palavras, a pegada ecológica

---

**12**  Mathis Wackernagel e William Rees, *Our Ecological Footprint: Reducing Human Impact on the Earth*. Gabriola Island: New Society Publishers, 1996.

mede todos os recursos (combustível, eletricidade, água etc.) usados pelas pessoas na cidade, assim como todos os resíduos produzidos, e relaciona a soma total à quantidade de terra (medida em hectares) requerida para gerar os recursos e eliminar o lixo. Portanto, a pegada ecológica pode ser referente a uma única pessoa, a uma empresa, a uma cidade inteira ou a um país. Vamos tentar fazer um cálculo muito simples. Multiplicando os habitantes de Londres – que são hoje cerca de 9 milhões – pela pegada ecológica de um londrino, que é de 5,4 hectares,[13] obtemos a pegada ecológica da cidade de Londres, ou seja, a área de que ela precisa para suas necessidades, que é igual a 486 mil quilômetros quadrados. Trata-se de um território mais ou menos igual ao dobro de toda a superfície da Grã-Bretanha.

Em última análise, as cidades, independentemente do tamanho, só podem se desenvolver porque, em algum outro lugar do planeta, existem recursos naturais que são explorados para alimentar o seu desenvolvimento. Portanto, é óbvio que deve haver um limite para o tamanho das cidades. A expansão delas vai parar, mais cedo ou mais tarde. E a razão disso é a mesma pela qual o crescimento econômico contínuo é inimaginável. Um planeta finito não tem recursos infinitos. Por mais que possamos acreditar em "destinos magníficos e progressistas" para a humanidade, as necessidades das populações urbanas sempre exigirão amplos recursos, que devem ser obtidos em algum lugar de nosso planeta finito.

Em outras palavras, a expansão das cidades ocorre à custa dos recursos naturais do planeta. Vejamos o caso da agricultura, por exemplo. Durante quase toda a história de 300 mil anos do *Homo sapiens*, nosso planeta tem sido um lugar

---

**13**   Alan Calcott e Jamie Bull, *Ecological Footprint of British City Residents*. Surrey: WWF, 2007.

coberto de plantas. Florestas ou savanas ocupavam quase todas as terras habitáveis. Até mil anos atrás, estima-se que menos de 4% da terra emersa livre de gelo ou não desértica fosse usada para a agricultura e a produção de alimentos.[14] Hoje, excluindo 10% da superfície coberta por gelo e 19% das áreas estéreis (desertos, solos salinos, praias, rochas etc.) do território restante, 50% é utilizado para a agricultura. As florestas temperadas, que cobriam mais de 400 milhões de hectares no século XVIII,[15] desapareceram completamente,[16] e as florestas tropicais também estão diminuindo de forma acentuada. No âmbito global, as florestas cobrem hoje insignificantes 37% da superfície habitável. Na prática, em alguns séculos, enormes extensões de floresta desapareceram para dar lugar à agricultura.

Então nos perguntamos se, para produzir os alimentos de que precisamos, é realmente necessário 50% da superfície utilizável do planeta. A resposta é: não. Hoje, dessa imensa área que eliminamos de florestas e ecossistemas naturais, 77% se destina à pecuária e apenas 23% à produção de alimentos vegetais.[17] Uma gestão insensata e ilógica, considerando que a pecuária produz apenas 18% das calorias e 37% do total de proteínas consumidas pela humanidade. Acredito que não temos refletido o suficiente sobre a vasta quantidade de recursos de que se lança mão para manter as cidades e sobre a velocidade

**14** Hannah Ritchie e Max Roser, *Land Use*, 2019. Disponível em: ourworldindata.org/land-use.

**15** Erle C. Ellis et al., "Anthropogenic Transformation of the Biomes, 1700 to 2000". *Global Ecology and Biogeography*, v. 19, n. 5, 2010, pp. 589–606.

**16** *The State of the World's Forests*, Roma: FAO, 2012.

**17** Joseph Poore e Thomas Nemecek, "Reducing Food's Environmental Impacts Through Producers and Consumers". *Science*, v. 360, n. 6392, Washington, 2018, pp. 987–92.

com a qual o fenômeno da urbanização avança. A urbanização de grande parte da população humana representa uma mudança em nossas condições de vida que só pode ser comparada àquela ocorrida há cerca de 12 mil anos, quando se deu a transição do homem nômade dos caçadores-coletores para a vida sedentária possibilitada pela agricultura.

Acho que foi justamente a velocidade extrema com a qual essa transformação ocorreu que nos impediu de entender o que é uma cidade. Trata-se de um ambiente extremamente articulado, cujo estudo foi dificultado por uma simplificação excessiva de sua complexidade. Durante séculos, gerações de planejadores acreditaram que podiam governar e dirigir o desenvolvimento das cidades com base em algumas suposições simples de natureza projetual – cuja eficácia só poderia ser marginal – e que, de todo modo, viam o ser humano como a única parte interessada. Robert Beauregard, professor emérito de planejamento urbano na Universidade de Columbia, escreveu há apenas alguns anos:

> No mundo da teoria do planejamento, os humanos são os únicos atores. [...] Às coisas não humanas não se atribui o mesmo *status* ontológico dos humanos. Em vez disso, são apresentados como objetos materiais passivos a serem manipulados por meio de regulamentações, acordos informais e incentivos. Na ação comunicativa, na legislação e nas teorias do direito à cidade, as coisas não humanas são epifenômenos. Só o ser humano tem significado teórico.[18]

Não há dúvida de que o funcionamento de um ambiente complexo como uma cidade não pode ser entendido tendo

---

**18** Robert A. Beauregard, *Planning with Things*. Helsinki, 24th AESOP Annual Conference, 7–10 jul. 2010.

em vista unicamente as necessidades humanas. Vou tentar ser mais claro. Estudar e planejar cidades visando somente às necessidades imediatas das pessoas que vivem nelas é a forma mais direta para que essas mesmas necessidades, em pouco tempo, não possam mais ser atendidas.

Para entender a fisiologia de uma cidade, é preciso levar em consideração o ecossistema que a caracteriza. Não é por acaso que a abordagem mais significativa e respeitada para entender o que é uma cidade e como ela funciona é hoje a do escocês Patrick Geddes. Professor de Botânica no University College, de Dundee, de 1888 a 1920, Geddes foi uma figura eclética e singular, capaz de revolucionar nossa visão da cidade e de seu planejamento, o que não é um assunto trivial para um botânico. Ao longo dos anos de sua atividade, ele foi pioneiro nas primeiras investigações sobre o estudo sistemático da flora britânica e teorizou sobre a necessidade de analisar as cidades com base nas ferramentas oferecidas pela ecologia e pela sociologia, à luz da teoria da evolução que ele aprendera com Charles Darwin (1809–1882).

No cerne da teoria do planejamento urbano de Geddes reside a ideia poderosa de que cada cidade deve ser tomada, para todos os efeitos, como um ser vivo, fruto de sua história, da interação com o meio ambiente, dos edifícios e das redes sociais, econômicas e ecológicas que a compõem. Cada função que ela apresenta, por mais particular que seja, pode ser assimilada às funções vitais internas de um organismo vivo. Assim, por exemplo, as estradas ou as ferrovias poderiam ser as artérias, enquanto as linhas de comunicação representariam os nervos pelos quais circulam os impulsos e as ideias dentro do corpo urbano. Com efeito, para Geddes, mesmo a inovação tecnológica é uma produção da cidade. Em termos mais atuais, diríamos que ela é muito mais uma propriedade emergente da cidade que obra do ser humano.[19] Ferrovias, linhas de comunicação, transporte, indústrias, embora materialmente produzidos pela atividade humana, nada mais são do que manifestações do modelo orgânico da cidade.

Os urbanistas – os planejadores das cidades – preocupam-se com o desenho das estradas ou da rede de transportes, com as dimensões do território a serem alocadas para atividades residenciais, industriais ou recreativas, identificando os modelos que permitem ao maior número de pessoas viverem juntas e tão confortavelmente quanto possível em um espaço limitado. A forma como esses problemas são resolvidos passa pela criação de um modelo que se impõe à cidade a partir de seu exterior.

Para Patrick Geddes, esse planejamento *a priori* da cidade só pode resultar em fracasso. Graças a sua formação e a seus conhecimentos de biologia, ele sabia que uma ordem orgânica não poderia ser criada pelo homem. Assim como nenhum cientista pode criar vida, nenhum urbanista pode criar uma cidade. Reduzir a complexidade das redes da cidade a um projeto, necessariamente limitado, produzido pela mente humana significa, para Geddes, matar a cidade. Muito de sua vida deriva da diversidade e da multiplicidade de lugares que os humanos interpretam apenas como caos. As diferentes atividades que percebemos como confusão – os encontros casuais de pessoas, as operações simultâneas de empresas sem relação entre si, os milhares de veículos que se movem em todas as direções, as histórias e as oportunidades que se cruzam e são geradas continuamente dentro de uma cidade – nada mais são do que parte de um funcionamento

---

**19** A esse respeito, pode ser relevante lembrar que quase todas as inovações humanas são concebidas e desenvolvidas em ambientes urbanos.

orgânico que é complicado demais para compreendermos em sua totalidade.

Além disso, Geddes mostra perfeita clareza a respeito da importância que todos os seres vivos não humanos que compõem uma cidade têm para ela. Durante seus estudos sobre evolução, ele ficou fascinado por fenômenos de simbiose entre diferentes espécies, que levam até ao nascimento de novas espécies com características diferentes. Ao estudar as relações entre plantas e animais, delas extraiu a forte convicção de que a principal força que molda a vida é a cooperação entre os seres vivos.[20] É o *apoio mútuo* de Piotr Kropotkin (1842–1921) que, segundo Geddes, molda as relações entre os seres vivos, com muito mais força do que a competição. As espécies, principalmente as plantas, conseguem encontrar *conveniência mútua* por meio do ajuste lento e contínuo de suas relações, guiado, geração após geração, pela evolução. É em decorrência de um processo de coevolução semelhante, no qual humanos, meio ambiente, construções, redes, plantas e animais se transformam, que as cidades podem se desenvolver e prosperar. Em consequência, qualquer tentativa de projeto deve ser interativa e baseada em pequenos ajustes entre os lugares e os habitantes da cidade, não apenas os humanos. Nenhum projeto que tenha como perspectiva modelar a cidade será bem-sucedido porque a evolução está aberta a soluções tão diferentes que não podem ser previstas. Geddes acredita que, assim como nos seres vivos, os fenômenos de agregação unem partes ou organismos simples e são capazes de formar configurações complexas.[21] Também

---

**20** Patrick Geddes, *Chapters in Modern Botany*. London: John Murray, 1911.

**21** Id., "On the Coalescence of Amoeboid Cells into Plasmodia, and on the So-Called Coagulation of Invertebrate Fluids". *Proceedings*

no meio urbano as agregações entre módulos simples e casuais levam à formação de tecidos urbanos e a configurações complexas.[22]

O trabalho revolucionário e muito atual desse botânico escocês muda completamente a visão das ciências urbanas. São as leis da evolução biológica e da organização social os principais motores da vida de uma cidade. Graças a Geddes, hoje é amplamente aceita a ideia de que existe um metabolismo e uma fisiologia da cidade. Só assim se pode entender corretamente que, como todo ser vivo, uma cidade tem necessidade constante de energia e de recursos para crescer e que é inevitável que produza descartes e resíduos. Para manter o funcionamento desse ciclo, a presença de plantas dentro do organismo urbano é essencial. Infelizmente, desse ponto de vista, a situação está longe de ser satisfatória. Basta olhar para as nossas cidades do alto para perceber que são espaços totalmente minerais, com edificações que ocupam até o último metro quadrado disponível. Nas cidades, a área ocupada pelas plantas é mínima; ela quase inexiste mesmo em muitos centros históricos que mantiveram intacta, em alguma medida, sua estrutura medieval ou renascentista.

Estamos diante de uma situação cuja gravidade se evidencia mesmo em uma análise muito superficial, mas que é difícil de quantificar com certeza em face dos diferentes sistemas de medição da cobertura vegetal das cidades. O Fórum Econômico Mundial tem feito um bom trabalho, em conjunto

---

*of the Royal Society of London*, v. 30, n. 200–05, London, pp. 252–55, 1879–80.

**22** Id., *Cities in Evolution: An Introduction to the Town Planning Movement and to the Study of Civics*. London: Williams & Norgate, 1915. [Ed. bras.: *Cidades em evolução*, trad. Maria José de Castilho. Campinas: Papirus, 1994.]

com o Massachusetts Institute of Technology (MIT), com o desenvolvimento do *site* Treepedia, que realiza, em muitas cidades do mundo, a medição da porcentagem da superfície urbana coberta por vegetação arbórea. Assim, descobre-se que, entre as cidades examinadas, Vancouver, com 25,9% da superfície coberta pelas copas de árvores, é a que apresenta mais vegetação, enquanto, em muitos centros urbanos, a porcentagem de cobertura arbórea é muito inferior a 10%. Um percentual dramaticamente baixo se considerarmos que a presença de plantas nas cidades oferece inúmeras vantagens, qualquer que seja a área de atividade humana considerada. Mas, acima de tudo, é um fato totalmente incompatível com a necessidade de combater o aquecimento global, que, convém lembrar, continua sendo o maior perigo para o futuro da humanidade.

Tenho certeza de que a maioria dos meus leitores sabe o que é aquecimento global e quais são suas causas. No entanto, como ainda pode haver alguém com dúvidas, acho necessário dedicar algumas linhas a uma explicação sucinta sobre as causas que estão alterando o clima do planeta. E a esse respeito não há dúvida, embora, às vezes, os jornais veiculem notícias incorretas sugerindo falta de consenso entre os cientistas sobre o que está acontecendo. A temperatura média da Terra está aumentando em um nível nunca antes visto e a razão primordial do aquecimento é o aumento de gases de efeito estufa na atmosfera – sobretudo dióxido de carbono –, produzidos pelas atividades humanas. Mais uma vez, não há dúvida sobre isso. Raramente na história da ciência houve um fenômeno sobre cujas causas se tenha chegado um consenso tão amplo.

O que ainda não sabemos exatamente é quais serão as consequências do aquecimento global. Existem, é claro, modelos que preveem uma série de efeitos relacionados ao aumento da temperatura, mas ainda não se sabe ao certo o que acontecerá quando, no final do século, se medidas efetivas não forem tomadas, a temperatura média do planeta chegar a aumentar mais de 4 °C. Algumas consequências do aquecimento global já são amplamente visíveis até mesmo para os mais céticos. Temperaturas recordes, aumento significativo de fenômenos atmosféricos violentos, mesmo em áreas do planeta onde nunca haviam ocorrido antes; aumento no número e na extensão dos incêndios; aumento do nível do mar etc. Entretanto, isso não nos diz muito sobre o que realmente pode acontecer nos próximos anos.

A razão para essa incerteza se deve ao fato de a temperatura ser a base de qualquer processo físico ou biológico. Em outras palavras, sua importância é tal que é virtualmente impossível ter modelos detalhados do que está por vir. Decerto os centros urbanos – nosso novo nicho ecológico – não ficarão ilesos. Ao contrário, muitas cidades já enfrentam os efeitos do aquecimento global hoje e, no futuro, a situação só vai piorar. Os motivos são simples de entender. Mais de 90% das cidades estarão sujeitas a fenômenos de inundação cada vez mais frequentes e perigosos em virtude do aumento inevitável do nível do mar. Os fenômenos atmosféricos cada vez mais violentos – tempestades, inundações, vento, seca – provocarão danos crescentes que vão atingir a população e ter impactos expressivos no âmbito econômico, causando interrupção nas atividades comerciais e no funcionamento normal da cidade. As ondas de calor do verão serão cada vez mais frequentes, com efeitos desastrosos para a saúde das pessoas. Com o aumento da temperatura, aumentam as epidemias e os tipos de patologias.

Um estudo de 2017 estima que, mesmo se conseguíssemos, até meados do século, limitar o aumento médio da temperatura a apenas 2 °C em comparação ao nível pré-industrial – uma perspectiva quase impossível nos dias de hoje –, o número de mortes nas cidades ultrapassaria 350 milhões devido unicamente aos efeitos das ondas de calor.[23] Como se não bastasse, devemos considerar que, na cidade, o efeito do aumento da temperatura é amplificado pelas características peculiares do ambiente urbano. Somente em função das ilhas de calor, as estimativas são de que, em termos globais, a temperatura das cidades aumente em média 6,4 °C.[24] A ilha de calor é o fenômeno segundo o qual as temperaturas na cidade são mais elevadas do que nas áreas rurais circundantes. Embora muito variável na sua extensão, em razão da localização geográfica e das características de cada centro urbano, é fato que a ilha de calor é um indicador do enorme impacto sobre o ambiente exercido por nossa forma de construir.

O primeiro a notar esse fenômeno foi o químico e farmacêutico inglês Luke Howard (1772–1864), que tem o mérito não só de ter observado pela primeira vez a existência da ilha de calor urbana, como também de ter notado que a diferença de temperatura é maior à noite do que durante o dia. Em 1820, em seu tratado *The Climate of London* [O clima de Londres] – pioneiro em abordar o clima de uma cidade –, Howard escreveu que, comparando dados de nove anos de temperaturas registradas no centro de Londres e em locais rurais ao redor da capital, "a noite é 3,7 °F (equivalente a 2,1 °C) mais quente na cidade do que no campo".

---

**23**  Tom Matthews, Robert Wilby e Conor Murphy, "Communicating the Deadly Consequences of Global Warming for Human Heat Stress". *Proceedings of the National Academy of Sciences*, n. 114, 2017, pp. 3861–66.

**24**  Patrick E. Phelan et al., "Urban Heat Island: Mechanisms, Implications, and Possible Remedies". *Annual Review of Environment and Resources*, v. 40, n. 1, Palo Alto, 2015, pp. 285–307.

Os motivos desse superaquecimento são diversos e dependem da forma como nossas cidades são construídas. Um dos principais fatores na formação de ilhas de calor é a natureza artificial das superfícies das cidades. Estas, pela impermeabilidade e falta de cobertura vegetal, carecem de capacidade de resfriamento por intermédio da evapotranspiração da água, ao contrário do que acontece no meio rural. E não é só isso. Na cidade, as superfícies escuras absorvem quantidades significativamente maiores de radiação solar, e materiais como asfalto ou concreto têm propriedades térmicas diferentes das superfícies típicas de ambientes rurais. Além disso, parte considerável da energia utilizada na cidade por automóveis e indústrias ou no aquecimento e resfriamento de edifícios é perdida na forma de calor residual, que promove o aumento da temperatura do ambiente. E, por fim, temos a geometria das edificações, a falta de vento que impede o resfriamento, a maior poluição do ar e a poeira que altera as propriedades irradiadoras da atmosfera: tudo na cidade contribui para elevar a temperatura.[25]

Se o efeito do aquecimento global for somado àquele típico das ilhas de calor nas cidades, encontraremos resultados nada animadores. E como poderiam ser? Como podemos imaginar que o aquecimento global não tenha influência sobre a saúde dos lugares onde vivemos? Um dos problemas mais urgentes na batalha contra o aquecimento global está precisamente em tornar claras as consequências do aumento da temperatura para todos. O fosso que existe entre a compreensão do fenômeno e da sua gravidade no seio da comunidade científica e a compreensão da maioria dos cidadãos é enorme.

**25** Timothy R. Oke, "The Energetic Basis of the Urban Heat Island". *Quarterly Journal of the Royal Meteorological Society*, v. 108, n. 455, Hoboken, 1982, pp. 1–24.

O problema se deve à impossibilidade de encontrar sistemas de comunicação adequados. Muitas vezes, nós nos limitamos a relatar eventos climáticos extremos ou a enumerar os riscos associados ao aquecimento global (por exemplo, estresse por calor, piora da qualidade do ar e da água, possibilidade de redução do fornecimento de alimentos, aumento da área de distribuição de vetores de doenças tropicais, deterioração das condições sociais etc.), com resultados completamente desprezíveis. A natureza intangível dos relatórios sobre o aquecimento global não transmite de modo efetivo a importância do problema. A maioria de nós não consegue imaginar como apenas dois graus de aumento de temperatura podem afetar com tanta força nossa vida diária. Dados e fatos por si só não levam as pessoas a mudar de ideia ou de comportamento. E não pensem que se possa culpar uma baixa cultura científica da população. Absolutamente. Parece que a aceitação do aquecimento global não tem correlação com o grau de letramento científico.[26] Tem muito mais a ver com a incapacidade das pessoas de criar uma imagem mental do problema. É por isso que qualquer tentativa que permita visualizá-lo é válida.

Para tornar evidente, com exemplos práticos, qual será o clima de nossas cidades em meados deste século XXI, mesmo na feliz hipótese de sermos bem-sucedidos em limitar o aquecimento global com base nas previsões mais otimistas que circulam hoje, o Instituto Federal de Tecnologia de Zurique (ETH) combinou os dados climáticos que caracterizarão as principais cidades do mundo em 2050 com o clima atual de

---

**26**    Lisa Zaval e James F. M. Cornwell, "Effective Education and Communication Strategies to Promote Environmental Engagement". *European Journal of Education*, v. 52, n. 4, Hoboken, 2017, pp. 477–86.

outras cidades. Descobriu-se que, em trinta anos, no hemisfério norte, tanto os verões quanto os invernos serão mais quentes, com aumentos médios de 3,5 °C e 4,7 °C, respectivamente, e que as cidades terão os climas que na atualidade caracterizam as localidades que estão mil quilômetros mais ao sul. As condições climáticas de Roma, em 2050, serão semelhantes às de Izmir hoje; Londres será semelhante a Barcelona; Estocolmo e Oslo, a Viena; Mônaco, a Roma; Moscou, a Sofia; San Francisco, a Rabat; Los Angeles, a Gaza; Paris, a Istambul; e Madri, a Marrakech.[27]

Se as cidades são particularmente vulneráveis ao aquecimento global, a boa notícia é que isso acontece onde o aquecimento global pode ser combatido com mais eficácia. Como 75% do dióxido de carbono humano é produzido nas cidades, lá ele deve ser bloqueado, usando as árvores para retirar a maior quantidade possível de $CO_2$ da atmosfera.

Em 2019, uma equipe de pesquisadores do Politécnico de Zurique publicou os resultados de um estudo no qual se afirmava que o plantio, em nível planetário, de 1 trilhão de árvores era de longe a melhor, mais eficiente e mensurável solução para reabsorver significativa porcentagem do $CO_2$ produzido na atmosfera desde o início da Revolução Industrial.[28] Apesar da generosidade do estudo e de sua sólida base científica, as críticas não tardaram a chegar. Onde encontraríamos espaço para plantar 1 trilhão de árvores? Qual seria o custo? Críticas, em grande parte, infundadas. Área para plantá-las existe, e o custo, por maior que seja, é muito menor do que qualquer

---

**27** Jean-François Bastin et al., "Understanding Climate Change from a Global Analysis of City Analogues". *PLOS One*, v. 14, n. 10, San Francisco/Cambridge, 2019.

**28** Id., "The Global Tree Restoration Potential". *Science*, v. 365, n. 6448, Washington, 2019, pp. 76–79.

alternativa que se possa imaginar e que tenha apenas uma pequena chance de sucesso como essa.

E se fosse possível plantar boa parte dessas árvores dentro de nossas cidades, os resultados, tenho certeza, seriam muito maiores. Na verdade, a eficiência das plantas na absorção de $CO_2$ é tanto maior quanto maior for sua proximidade da fonte de produção. Na cidade, todas as superfícies deveriam ser cobertas de plantas. Não só os (poucos) parques, avenidas, canteiros de flores e outros locais canônicos, mas literalmente todas as superfícies: telhados, fachadas, ruas; todo lugar onde é concebível colocar uma planta deve poder hospedar uma. De novo, a ideia de que as cidades devem ser impermeáveis, locais minerais, opostos à natureza, é tão somente um hábito. Nada impede que uma cidade fique totalmente coberta de plantas. Não existem problemas técnicos ou econômicos que possam impedir essa escolha. E os benefícios seriam incalculáveis. Grandes quantidades de $CO_2$ seriam fixadas ali onde é produzido, e a qualidade de vida das pessoas melhoraria. No tocante à saúde física e mental e até ao desenvolvimento da sociabilidade, da valorização da capacidade de atenção à redução dos crimes, as plantas influenciam positivamente o nosso modo de vida sob todos os pontos de vista concebíveis.

Permanece um mistério difícil de desvendar o porquê de nossas cidades não estarem completamente cobertas de plantas, dentro e fora de edifícios, apesar dos milhares de pesquisas muito sérias publicadas sobre os benefícios do verde urbano. Afinal, sabemos que há séculos as plantas melhoram a qualidade do ar. Em 1661, o escritor John Evelyn (1620–1706) publicou um livro com o pomposo título *Fumifugium, or The Inconveniencie of the Aer and Smoak of London Dissipated together with some Remedies humbly proposed by J.E. esq. to His Sacred Majestie, and to the Parliament now assembled* [*Fumifugium*, ou a inconveniência do ar e da chuva de Londres dissipou-se juntamente com alguns remédios humildemente propostos pelo escudeiro J. E. à sua Santíssima Majestade, e ao Parlamento, agora reunido em um panfleto], que é um dos primeiros estudos sobre a poluição atmosférica. Trata-se de um texto de extraordinária atualidade, dividido em três partes principais. A primeira examina as causas da má qualidade do ar em Londres – resultante da fumaça produzida pela combustão do carvão –, identificando corretamente os efeitos de sua inalação sobre a saúde das vias respiratórias. A segunda parte propõe uma solução prática para o problema. O carvão deve ser proibido na cidade de Londres e, em seu lugar, deve ser usada a lenha. E, por fim, na terceira parte, é proposta uma solução que manteve sua eficácia original: melhorar a qualidade do ar de Londres como decorrência do plantio generalizado de árvores e arbustos dentro ou perto da cidade.

É uma proposta cujo significado revolucionário continua difícil de ser compreendido, mas que, naquele momento, deve ter parecido a ideia de um sonhador, fascinante, porém sem fundamento. Imagine que, na época de Evelyn, não se sabia da existência da fotossíntese, cuja descoberta ocorreu apenas um século depois da publicação do *Fumifugium*, graças aos experimentos de Joseph Priestley (1733–1804) e Jan Ingenhousz (1730–1799). Qualquer especulação sobre a capacidade das plantas de melhorar a qualidade do ar derivava, portanto, de experiências empíricas, sem nenhuma base teórica. No entanto, a despeito da total falta de fundamento científico e em um período no qual as florestas ainda cobriam grandes regiões da Europa, John Evelyn foi um defensor convicto da necessidade de recobrir as nações com árvores.

Três anos após a publicação do *Fumifugium*, em 1664, ele lançou outro volume surpreendente, desta vez com o título *Sylva, or A Discourse of Forest-Trees and the Propagation of Timber in His Majesty's Dominions* [*Sylva*, ou um discurso das árvores da floresta e a propagação da madeira nos domínios de Sua Majestade], o primeiro livro publicado pela então recém-nascida Royal Society of London. Trata-se de um estudo enciclopédico sobre o cultivo de árvores, desde a escolha da semente até as necessidades e as adversidades de cada uma das espécies mais comuns que podiam ser cultivadas em território britânico. Não é o primeiro nem o mais original dos tratados sobre o cultivo de árvores. O que torna *Sylva* sensacional é que Evelyn usa todos os meios para convencer seus leitores da necessidade de plantar mais árvores. Todo argumento é válido para ampliar nossa consciência sobre a importância das árvores. Por exemplo, uma vez que a Guerra Civil inglesa, encerrada havia poucos anos, produzira um desmatamento extenso em razão do uso da madeira para fins militares, Evelyn apostava na necessidade de reflorestar para garantir à Marinha o suprimento de madeira necessário para a construção naval.

Trata-se obviamente de um pretexto. Embora na página de rosto de *Sylva*, Evelyn tenha descrito seu trabalho como uma resposta a "algumas perguntas" feitas pelos "oficiais chefes e comissários da Marinha", muitas das espécies que ele recomenda plantar e que lista com amoroso cuidado não são adequadas para o material naval. O único interesse do escritor é o plantio do maior número de árvores possível. No livro, as citações latinas sobre árvores, extraídas de autores como Plínio, Horácio e Virgílio, destinam-se a agradar aos intelectuais da época, enquanto as referências, *en passant*, a personalidades proeminentes, como o rei ou "aquela senhora de Northamptonshire", apaixonados por árvores, difundem a ideia de que plantar árvores está na moda.

Precisaríamos hoje de milhares de Evelyn, prontos para espalhar a ideia de que, cobrindo nossas cidades com plantas, poderíamos combater o aquecimento global com eficácia.

Temos de mudar nossa representação da cidade. A imagem de uma selva urbana não deve lembrar um lugar cheio de perigos, mas, ao contrário, uma parte do ambiente natural que, conscientemente e por meio das árvores, ajuda a transformar nossas cidades em um nicho ecológico duradouro.

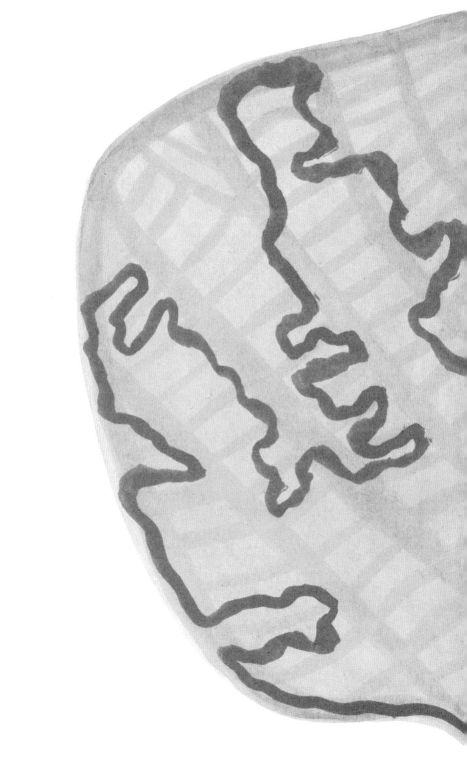

# 3
# RAÍZES
# DO SUBSOLO

Para entender corretamente o que Patrick Geddes dizia sobre a vida na cidade, temos que retomar a principal força que dá forma à vida, ou seja, a cooperação entre os seres vivos, que se manifesta na natureza, entre outras coisas, por meio de fenômenos de coalescência, fusão, enxerto. Nesse sentido, as plantas, mais uma vez, são um modelo a ser imitado. Elas são as mestras do *apoio mútuo* sobre a terra, e a história a seguir é um exemplo maravilhoso disso.

Alguns anos atrás, durante uma excursão a uma floresta tropical ao norte de Auckland, dois pesquisadores da Nova Zelândia, Sebastian Leuzinger e Martin Bader, encontraram um toco de kauri (*Agathis australis*) com características incomuns. Para um leigo, um toco é só um toco, não tem nada de muito interessante para contar, é apenas o triste resquício de uma árvore morta, cujo destino é ser consumido por microrganismos, fungos e insetos da floresta, até desaparecer. Contudo, no caso daquele toco específico, algo não se encaixava. Era de fato um toco, mas que estava, sem dúvida, ativo. Apesar de não ter folhas nem outros órgãos capazes de realizar a fotossíntese, seus tecidos internos permaneceram vivos. Era surpreendente. Como ele poderia ter continuado a viver naquelas condições? De onde tirava energia e água para sobreviver? Na verdade, uma árvore sem folhas não só carece de fonte de energia, pois não consegue realizar a fotossíntese para produzir os açúcares de que precisa para viver, como também é praticamente incapaz de absorver do solo a água de que necessita. A transpiração das folhas é a força motriz que permite que a água seja absorvida pelo solo e bombeada para a árvore. Enfim, sem folhas, uma árvore não faz fotossíntese nem obtém o suprimento hídrico que lhe é essencial.

E então? O que aquele toco de kauri fazia para permanecer vivo? De acordo com a hipótese dos dois pesquisadores, ele recebia aquilo de que precisava por meio do sistema radicular em conexão direta com as árvores próximas, graças a um fenômeno conhecido como enxerto de raiz.[1] A enxertia é a prática agronômica que consiste na fusão de dois indivíduos diferentes, mas afins, para a criação de um novo, formado pela união dos dois biontes (esse é o termo técnico atribuído aos dois indivíduos participantes do enxerto). Normalmente, utilizam-se um porta-enxerto, que constituirá a base (com as raízes) da nova planta, e um enxerto, que formará a parte aérea (com folhas e frutos). Com o enxerto, é criada uma conexão vascular completa entre os tecidos dos dois biontes, o que permite a circulação entre a base e a parte aérea e vice-versa.

Como as possibilidades práticas são muitas, o ser humano faz uso de enxertos há milênios para criar plantas que combinam as características positivas de dois biontes. Imagine, apenas para dar um exemplo simples, que você tem duas macieiras, uma capaz de crescer em condições de restrição de água, mas produzindo maçãs pouco apetitosas, e outra, ao contrário, incapaz de suportar condições de seca, porém

---

**1**  Martin Bader e Sebastian Leuzinger, "Hydraulic Coupling of a Leafless Kauri Tree Remnant to Conspecific Hosts". *Science*, v. 19, 2019, pp. 1238–47.

produtora de maçãs magníficas. Unindo os dois indivíduos por meio de um enxerto, é possível, teoricamente, produzir uma nova planta que combina as características positivas das duas macieiras, ou seja, uma nova macieira ao mesmo tempo resistente à seca e capaz de produzir maçãs magníficas. Em geral, o procedimento é um pouco mais complexo, contudo o princípio é esse. Menos conhecida, no entanto, é a enxertia que ocorre naturalmente, sem a intervenção humana. Duas plantas aparentadas que estão em contato contínuo, por exemplo, no nível do tronco ou do galho, podem, sob certas condições, fundir-se em um só indivíduo. Provavelmente foi imitando esses enxertos naturais por aproximação que os humanos criaram os próprios enxertos.

Voltemos à nossa linhagem kauri. Assim como existem enxertos naturais entre as partes aéreas, também há enxertos de raízes que levam à fusão de sistemas radiculares pertencentes a diferentes plantas. Ao contrário dos enxertos aéreos, os de raiz são extremamente comuns. Portanto, em uma floresta, temos enxertos entre partes distintas do mesmo sistema radicular (autoenxertia), enxertos entre sistemas radiculares de diferentes árvores pertencentes à mesma espécie (enxertia intraespecífica) e, por fim, enxertos entre sistemas radiculares de árvores pertencentes a diferentes espécies (enxertia interespecífica). Esse fenômeno, conhecido há séculos, mas até recentemente considerado pouco mais do que uma peculiaridade botânica, poderia revolucionar nossa ideia do que realmente é uma comunidade de plantas. Foi por isso que, quando Leuzinger e Bader se viram diante de uma linhagem viva, perceberam que um estudo detalhado dela poderia ser uma contribuição mais útil, e não a explicação de uma curiosidade.

A existência de tocos, digamos, "mortos-vivos" (em homenagem explícita aos filmes de George Romero) e a presença de enxertos de raízes entre as árvores das florestas em todo o planeta não são exatamente novas. Em 12 de agosto de 1833, René Joachim Henri Dutrochet, famoso físico, botânico e fisiologista francês, conhecido sobretudo pela descoberta da osmose, leu seu memorial diante da Academia de Ciências; nele, mencionou pela primeira vez os tocos vivos.[2] Segundo Dutrochet, seu irmão, um inspetor florestal, "um dos homens mais instruídos da administração florestal", havia lhe falado sobre os numerosos tocos vivos de abeto-prateado (*Pinus picea*). Com base no relato, Dutrochet foi aos bosques do Jura e lá observou que "todos os tocos de abeto-prateado, de árvores derrubadas havia muitos anos, estavam cheios de vida, assim como suas raízes". Ele se pôs a estudar tocos de abeto-prateado "certamente derrubados havia pelo menos 45 anos, mas ainda cheios de vida" e percebeu que, durante a primavera, o câmbio, ou seja, o tecido que gera o crescimento secundário da árvore, retornava à atividade.

Dutrochet mediu o crescimento da largura do toco do momento em que a árvore fora derrubada e o quantificou em cerca de "dois centímetros ou oito linhas de diâmetro". Foi uma observação única: o crescimento secundário do tronco, embora muito desacelerado, continuou silenciosamente, sem nenhuma copa, por pelo menos 45 anos. Dutrochet ficou muito surpreso com os resultados da observação. O que viu nas florestas do Jura não tinha explicação. Sua leitura começou, de fato, com a constatação de que a seiva elaborada, produzida pela copa das árvores, era necessária para a sobrevivência da planta inteira, inclusive das raízes. Então, como aqueles tocos de abeto-prateado teriam sobrevivido por mais

---

**2**  René Joachim Henri Dutrochet, "Observations sur la longue persistance de la vie et de l'accroissement dans les racines et dans la souche du *Pinus picea L.*, après qu'il a été abattu". *Annales des Sciences Naturelles*, n. 29, 1833, pp. 300–03.

de 45 anos? Ele não via outra possibilidade a não ser supor que as raízes daqueles tocos também eram capazes de produzir pequenas quantidades de seiva elaborada (isto é, açúcares). Essa é a única conclusão errada de seu esplêndido trabalho, como veremos.

O conhecimento da enxertia de raízes, tanto em angiospermas como em coníferas, também não é novo. Conhecemos esse fenômeno há mais de um século. Em meados da década de 1960, Barry Graham e Frederick Herbert Bormann[3] produziram uma lista contendo mais de 150 espécies de árvores nas quais existem evidências científicas de enxerto de raízes.

É sabido que as árvores criam conexões subterrâneas e que existe a possibilidade de estas serem capazes de manter os tocos vivos por décadas, embora isso tenha sempre sido considerado uma simples curiosidade botânica, uma bizarria encontrada entre as plantas, sem nenhum valor mais amplo. Mas não se trata disso. A história desses tocos mortos-vivos e as comunicações subterrâneas entre árvores distantes nos contam algo tão novo e fascinante que muda nossa própria concepção do que é uma árvore.

Mesmo com todas as especificidades de cada caso, as árvores sempre foram consideradas indivíduos isolados. Não no sentido animal de "não divisível", mas, indiscutivelmente, organismos vivos, únicos, com necessidades e comportamentos distintos daqueles de sua própria espécie. E, portanto, não diferentes dos animais. Será verdade? O que centenas de pesquisas vêm revelando nos últimos vinte anos parece mostrar uma realidade completamente diferente. Não se trata de árvores isoladas, e sim de enormes comunidades conectadas que, por meio das raízes, trocam nutrientes, água e informa-

---

**3** Barry Graham e Frederick Herbert Bormann, "Natural Root Grafts". *The Botanical Review*, n. 32, Bronx, 1966, pp. 255–92.

ções. Comunidades extensas que, não raro, podem até incluir plantas de diferentes espécies e que baseiam sua possibilidade de sobrevivência mais na cooperação do que na concorrência. Uma verdadeira revolução cujas consequências não são fáceis de prever.

No entanto, isso não nos faz avançar muito na abordagem ao problema dos tocos zumbis. Ainda que, nos últimos anos, muitos artigos científicos relativos às conexões subterrâneas entre árvores – por enxertia de raízes ou mediadas por redes de fungos – tenham demonstrado de forma inequívoca a vantagem de participar dessas comunidades, no caso de um toco, a vantagem não é óbvia. Por que as árvores ao redor deveriam mantê-lo vivo? E, sobretudo, como essa troca de nutrientes e água pode ocorrer em um toco que, sem folhas, também carece da força motriz necessária para movimentar os líquidos dentro do corpo? Essas são as questões pelas quais nossos dois pesquisadores estão apaixonados, enquanto observam fascinados os tocos zumbis que encontraram. Ao contrário de muitos outros que examinaram o mesmo fenômeno no passado, Leuzinger e Bader foram além de descrever o que observaram. Eles queriam uma explicação para esse fenômeno aparentemente paradoxal. Então, marcaram com cuidado a localização exata daquele toco e retornaram para sua universidade em Auckland a fim de fazer um balanço da situação e decidir como proceder. As possibilidades eram muitas, ao contrário dos recursos, limitados. Os dois decidiram se concentrar na medição dos ciclos de absorção de água dentro do toco e nas árvores próximas, com a esperança de conseguir observar uma sincronia no comportamento dos fluxos ou algo que pudesse sugerir uma conexão hidráulica subterrânea eficaz e funcional.

Assim, uma vez reunidos os equipamentos e as ferramentas necessários ao estudo que tinham em mente, Leuzinger e

Bader voltaram à floresta e implantaram sensores no toco e nas árvores de kauri ao redor, com o propósito de registrar em tempo real o fluxo de água no interior do tronco. Instalados os instrumentos e, certificando-se de que tudo funcionava de acordo com o esperado, voltaram para Auckland, de onde, confortavelmente sentados em seus laboratórios, acompanharam, graças à internet, o fluxo constante de dados vindos da floresta.

Após algumas semanas, durante as quais foi possível coletar um número suficiente de ciclos diurnos-noturnos, eles estavam prontos para analisar os dados. A suspeita de ambos, desde o momento em que encontraram o toco, felizmente, tomou forma diante dos olhos deles. Os ciclos entre a planta kauri mais próxima e o toco eram, sem dúvida, inversamente correlatos. Quando o fluxo crescia dentro da árvore intacta, diminuía no toco, e vice-versa. Porém, ainda mais interessante era o comportamento oposto do toco em comparação ao da árvore inteira.

Como já sabemos, para que a água seja absorvida pelo solo e chegue à copa de uma árvore, as folhas devem perder água por um processo denominado transpiração, o qual exige que os estômatos – milhares de minúsculas válvulas espalhadas sobre a superfície de cada folha – se abram, permitindo que o vapor da água escape de dentro da planta para a atmosfera circundante. É justamente essa perda de água que, ao causar uma depressão no sistema vascular fechado da planta, provoca o incitamento da parte inferior e a absorção da água do solo. Ora, uma vez que os estômatos (cuja abertura desencadeia todo o fenômeno) se abrem durante o dia, na presença de luz, o pico de absorção de água no interior da árvore ocorre durante o período diurno.

Esse foi o comportamento *clássico* verificado pelos dois pesquisadores nos fluxos de água da árvore intacta. O que se observou de novo e de interessante com base nas medições realizadas foi o comportamento hídrico do toco. Em dias muito ensolarados, nos quais as plantas perdem muita água pelas folhas (transpiração), ocorria um transporte intenso de água nas árvores próximas, enquanto no toco não havia atividade; à noite, ao contrário, na ausência de transpiração nas árvores próximas, o fluxo hídrico no toco subia ao nível máximo. Em dias com pouca luz, ou depois de chuvas fortes, ou seja, em dias com pouca ou nenhuma transpiração em árvores intactas próximas, o fluxo de água no toco permanecia alto mesmo durante o dia. Enfim, tudo coincidia para demonstrar uma relação hidráulica entre as árvores próximas e o toco morto-vivo. Havia um último ponto a ser explicado: como a água subia pelo interior do toco? Nesse caso, não havia dados, mas a explicação mais plausível parece estar relacionada a um movimento resultante da força osmótica. Se isso se confirmar, teremos partido de Dutrochet, que descreveu os tocos vivos pela primeira vez, e, 180 anos depois, teremos voltado a ele, o descobridor do fenômeno da osmose. São as idas e vindas da história da ciência.

Uma vez que o mecanismo fica esclarecido, a questão mais importante permanece em aberto: por quê? Por que árvores saudáveis deveriam cuidar de um toco vizinho por décadas? O fato parece completamente incompreensível. Na verdade, vivemos com a ideia de que a competição e a luta pela sobrevivência são o motor da evolução. Por mais de um século, com base na obra revolucionária de Charles Darwin, a corrente de pensamento predominante, que forjou nossa ideia do funcionamento de comunidades vivas, foi de que o motor da evolução é a competição, a luta pela sobrevivência, a vitória do mais forte. Isso, a despeito das vozes igualmente respeitáveis que, desde o início, mostraram-se contrárias àqueles que, declarando-se herdeiros e guardiões do pensamento darwiniano, conseguiram impor a ideia da competição como força dominante e reguladora das relações entre os organismos vivos. Penso no inesquecível príncipe Kropotkin, um defensor da necessidade de identificar na cooperação, ou, como ele chamou poeticamente, no "apoio mútuo", a pedra angular sobre a qual repousa toda a história da evolução.

Embora no presente o número de evidências que sustentam o papel fundamental da cooperação na evolução das espécies vivas tenha aumentado significativamente, a ideia continua a ser percebida como marginal em comparação com a solidez da defesa da competitividade. Por quê? Estou convencido de que a principal causa do desinteresse pelo estudo da cooperação como força evolucionária está ligada ao fato de que a maioria – quase todas – das evidências que sustentam essa teoria vem do mundo das plantas e, como tal, não é considerada relevante. O antropocentrismo, ou, para ser magnânimo, o animalcentrismo que domina o mundo da ciência é um problema sério. Nossa visão do mundo como um lugar onde os conflitos e as privações são forças básicas que dominam a evolução é um exemplo clássico dessa distorção animal. Modelos matemáticos importantes, como o da competição interespecífica, são projetados para descrever uma relação semelhante à de um animal. Penso no modelo desenvolvido em 1926 por Vito Volterra e Alfred Lotka, conhecido mais tarde como modelo predador-presa, e que é a base de qualquer estudo de ecologia. Sua história explica muitas coisas.

Pouco depois do fim da Primeira Guerra Mundial, Umberto D'Ancona, um dos zoólogos italianos mais importantes do século XX, ao estudar as populações de peixes do mar Adriático, percebeu que as diferentes espécies capturadas apresentavam uma tendência tipicamente flutuante. Tentando aprofundar esse entendimento, ele conversou com Vito Volterra, um renomado matemático que mais tarde também seria seu sogro, e este desenvolveu um modelo matemático para explicar a o fenômeno. Sem diminuir a beleza e o valor indiscutível do modelo predador-presa, é evidente que ele foi concebido, desenvolvido e testado para atender a necessidades tipicamente animais. A história nos diz isso. No entanto, isso não impediu que o modelo influenciasse fortemente o estudo da dinâmica das populações naturais e, de maneira mais geral, eu diria, a ideia que temos a respeito das relações entre as espécies. O que o modelo predador-presa tem a ver com o mundo das plantas? Obviamente não é um caso isolado: muitos outros modelos, menos conhecidos do leigo, tiveram grande impacto no modo como concebemos o funcionamento das comunidades e também são aplicáveis apenas no âmbito animal e não possuem, portanto, um valor mais geral.

Gostaria de deixar claro o absurdo da questão. Descobertas realizadas no mundo vegetal não são creditadas como dignas de atenção até que sejam validadas no campo animal; ao contrário, os modelos encontrados somente no mundo animal são, pelo mesmo fato, considerados universalmente válidos. Pensemos na irracionalidade dessa posição. Para serem consideradas válidas em escala universal, as descobertas feitas em 85% dos seres vivos (plantas) precisam ser confirmadas em 0,3% do mundo animal! Não o contrário. E assim convivemos com a ideia ridícula e perigosa de que o que vale para o nobre 0,3% da vida (os animais) é o que caracteriza toda a vida e é digno de ser conhecido – o resto é marginal. Não sei se o absurdo desse caso afeta vocês como me afeta. Ninguém se interessa pelo fato de que os 85% que constituem o mundo vegetal são a única e indiscutível representação da vida no planeta. Não me canso de repetir. É como se, para ser definitivamente aprovada, uma lei proposta por 85% dos deputados do nosso Parlamento tivesse de ser examinada por 0,3% da mesma representação parlamentar, que, a seu critério, pode aprová-la ou rejeitá-la.

Vamos tentar transformar essas porcentagens um tanto impessoais em números absolutos, continuando a aplicá--las ao exemplo do Parlamento. Imaginando uma câmara de quinhentos parlamentares – número que não deve diferir muito da média de deputados de um país europeu –, 85% constituído de plantas teria uma representação de 425 deputados, enquanto 0,3%, de animais, teria um deputado e meio. O restante ficaria nas mãos de vários fungos e microrganismos. Portanto, um representante e meio (vamos arredondar para dois) decide por todos. Quando algo assim acontece em nossos parlamentos, chamamos de ditadura. Vejo nesse mal-entendido básico sobre o que a vida realmente é e como funciona um dos problemas mais intransponíveis dos nossos tempos. E não pense que se trata de algo trivial. Enquanto não entendermos qual é a nossa posição entre os seres vivos, a própria sobrevivência da nossa espécie se apoiará em bases incertas. O fato é que os modelos ecológicos ancorados na competição animal se tornaram os modelos pelos quais descrevemos o mundo dos seres vivos, ao passo que os modelos sustentados em uma visão cooperativa da vida, para a qual há um número enorme de provas, porque vêm do reino vegetal, são ignorados, apesar de, em alguns casos, terem uma força apelativa que parece impossível não as considerar.

Vamos voltar então à pergunta que não quer calar: por que as árvores saudáveis deveriam cuidar de um toco vizinho por décadas? Parece um comportamento absurdo, puro e simples desperdício de recursos. E todos os organismos vivos, com exceção dos humanos, evitam o desperdício. E então? Então, a explicação deve existir e necessariamente resultar em uma vantagem para as árvores sobreviventes.

Uma abordagem pode ser avaliar, em primeiro lugar, quais são as vantagens que uma comunidade de árvores tem em permanecer conectada por enxertia de raiz. Uma vez identificadas, é preciso avaliar se elas persistem mesmo na presença do toco. Infelizmente, embora existam centenas de publicações científicas descrevendo o fenômeno, apenas alguns se perguntam qual é a vantagem evolutiva para as plantas.

Por que se unir? Isso me lembra muito da pergunta que Darwin fez a si mesmo quando chegou a hora de decidir se casar ou não.[4] À primeira vista, parece quase impossível encontrar alguma vantagem em se casar, mas no final quase todos, incluindo Darwin, optam por uniões estáveis. A conexão subterrânea entre as plantas se parece muito com esse dilema. No entanto, embora o casamento permaneça um mistério insondável, o enxerto de raízes revela lentamente suas vantagens. Vejamos algumas delas e, para não sairmos abruptamente do problema do casamento, vamos dizer, desde já, que um vizinho com boa saúde com quem cooperamos por meio de um enxerto radical, em vez de competir, pode ser um bom parceiro com quem reproduzir.

Além disso, um vizinho com boa saúde terá menos chance de se tornar fonte de doenças. E, para seres sedentários como as árvores, não ter por perto indivíduos em más condições, fontes potenciais de contágio, consiste em um valor muito maior do que no reino animal. O que mais? Por meio do enxerto de raiz, uma árvore pode adquirir fungos ou microrganismos benéficos de seus vizinhos. Obviamente, o risco de transmissão de patógenos ao longo da mesma rota deve incluir a capacidade das árvores de diferenciar os vizinhos saudáveis dos não saudáveis.[5] Da mesma forma, como as raízes produ-

---

**4** Falei disso no meu *Revolução das plantas* (trad. Regina Silveira. São Paulo: Ubu Editora, 2018).

**5** O vigor e a proximidade de uma árvore podem ser medidos pelo seu vizinho por meio da sombra produzida e dos compostos voláteis emitidos. Ver Ragan M. Callaway, "The Detection of Neighbors by

zem muitas toxinas que são utilizadas na defesa da planta, as árvores poderiam enriquecer seu arsenal químico contra diversos patógenos e insetos herbívoros. E, por fim, a vantagem mais óbvia de todas: o aumento da estabilidade das árvores.

Em 1988, Jon Keeley,[6] trabalhando com plantas de *Nyssa sylvatica* – uma árvore de tamanho médio que vive em ambientes pantanosos e cuja origem é ressaltada em seu nome, emprestado de uma náiade (ninfa d'água) –, notou que elas tendiam a formar muito mais enxertos radiculares em comparação com as populações de árvores de outros hábitats. Tendo em vista que a sustentação em um ambiente pantanoso é sempre muito problemática para as árvores, o enxerto de raízes com outras árvores aumenta significativamente o suporte mecânico. Isso é válido também para ambientes ventosos, onde as árvores estão sujeitas aos mesmos problemas de estabilidade. Finalmente, corroboram essa ideia o fato de que as árvores maiores, ou seja, aquelas mais sujeitas a problemas de estabilidade, são igualmente aquelas que tendem a formar o maior número de enxertos de raiz e a observação de que as árvores conectadas por meio desse tipo de enxerto tendem a resistir melhor aos eventos climáticos extremos.[7]

Agora que temos uma ideia mais clara sobre as vantagens de ligar as próprias raízes com as raízes das árvores vizinhas, vamos ver o que acontece se, em vez de um vizinho inteiro,

Plants". *Trends in Ecology & Evolution*, v. 17, n. 3, Maryland Heights, 2002, pp. 104–05, e Wouter Kegge e Ronald Pierik, "Biogenic Volatile Organic Compounds and Plant Competition". *Trends in Plant Science*, v. 15, n. 3, Washington, 2010, pp. 126–32.

**6** Jon E. Keeley, "Population Variation in Root Grafting and a Hypothesis". *Oikos*, v. 52, n. 3, Lund, 1988, pp. 364–66.

**7** Khadga Basnet et al., "Ecological Consequences of Root Grafting in Tabonuco (*Dacryodes excelsa*) Trees in the Luquillo Experimental Forest, Puerto Rico". *Biotropica*, v. 25, n. 1, 1993, pp. 28–35.

tivermos um toco. Paradoxalmente, em alguns aspectos, as vantagens de estar conectado a um toco podem até ser maiores. Pense, por exemplo, em uma enxertia radicular entre duas árvores saudáveis na qual, em razão de um evento qualquer, uma delas é cortada. A árvore sobrevivente se encontrará de repente com um sistema radicular duplo à sua disposição com todas as vantagens que isso acarreta, e, não menos importante, maior estabilidade, que pode proporcionar um sistema radicular muito extenso ancorado àquele das plantas vizinhas. Não é pouca coisa, especialmente nos tempos atuais. Na verdade, é bom lembrar que, como resultado do aquecimento global, o número de fenômenos climáticos extremos está aumentando de forma alarmante em toda parte e, com ele, o número de árvores caídas.

# 4

# TRONCOS DA MÚSICA

O vento é a principal adversidade contra a qual as árvores precisam lutar, pelo menos na Europa. Mais de 50% dos danos sofridos pelas florestas europeias se devem ao vento. Não são os incêndios (16% dos danos) nem os patógenos e os insetos que ameaçam nossas florestas, mas o vento, simples assim. De 1950 até hoje, os danos causados pelo vento na Europa aumentaram constantemente. Entre 1970 e 2010, o número de árvores perdidas dobrou, passando de cerca de 50 milhões para 100 milhões de metros cúbicos.[1] É um número muito grande de árvores que, ao cair, além de alterar radicalmente o ecossistema, a estabilidade e a paisagem, reduzem em 30% a capacidade de fixação de dióxido de carbono nas áreas afetadas.[2] E a quantidade de $CO_2$ na atmosfera é a principal causa do aquecimento global, que, por sua vez, é uma das razões pelas quais estamos testemunhando um aumento na frequência e na intensidade dos eventos catastróficos.

1   Gherardo Chirici et al., *Assessing Forest Windthrow Damage Using Single-Date, Post-Event Airborne Laser Scanning Data. Forestry*, v. 91, n. 1, Oxford, 2018, pp. 27–37.

2   Barry Gardiner et al., *Destructive Storms in European Forests: Past and Forthcoming Impacts*, 2010. Disponível em: ec.europa.eu/environment/forests/pdf/STORMS%20Final_Report.pdf.

Entre 28 e 30 de outubro de 2018, uma tempestade de vento e chuva atingiu extensas áreas dos Alpes Orientais com ventos superiores a 200 quilômetros por hora. Um número assustador de árvores caiu e dezenas de milhares de hectares de floresta desapareceram. Uma catástrofe natural cujas consequências foram muito além dos danos diretos à floresta, desencadeando uma série de circunstâncias que ninguém poderia prever. Entre eles, o mais infeliz de todos, para mim, foi o dano à floresta de abetos, de cuja madeira, durante séculos, foram feitas as caixas de ressonância de grandes instrumentos musicais. Causas e efeitos. Por conta do $CO_2$ disperso na atmosfera, a temperatura do planeta sobe, os fenômenos atmosféricos tornam-se violentos e as tempestades de vento destroem as árvores com os quais desde sempre são confeccionados violinos.

Ora, os instrumentos musicais são, a meu ver, a coisa mais maravilhosa que o ser humano já imaginou fazer com a madeira, e Antonio Stradivari (1644–1737) foi quem, mais do que qualquer outro, conseguiu o milagre de transformar esse material em som celestial.

O estradivário é o resultado final, o ápice da escola de Cremona, que é por sua vez a escola de alaúdes mais importante do mundo, pela inovação e pela qualidade dos instrumentos. Cremona não é apenas Stradivari; outros luthiers capazes de infundir em seus instrumentos um sopro de imortalidade trabalharam e tiveram ali suas oficinas. Entre eles, nomes já lendários, como Niccolò Amati (1596–1684) da família Amati, considerado o suprassumo da fabricação de violinos do século XVII, e Giuseppe Guarneri, conhecido como *del Gesù* (1698–1745).

Você já deve ter ouvido falar da impossibilidade de recriar a sonoridade desses instrumentos. Embora as técnicas de construção, as madeiras e as tintas tenham sido analisadas com o maior nível de detalhe possível pelos laboratórios mais equipados do mundo, nunca ninguém conseguiu desvendar o segredo desses extraordinários artistas do som. Deem a um bom violinista um instrumento atual, construído com o cuidado mais obsessivo, e depois deem a ele um estradivário. O som vai ser mais cheio, mais potente. As notas, mais distintas. Os graves e os agudos sairão do arco com a mesma extraordinária clareza expressiva. Quem já tocou um estradivário sabe que nunca mais terá a mesma sensação ao tocar outros instrumentos.

Não acredite naqueles que dizem que o resultado de um teste "no escuro" mostrou que músicos experientes preferiram o som de outro violino ou foram incapazes de reconhecer o som do estradivário. Não é verdade. Eram, por assim dizer, músicos desatentos ou o estradivário tocado tinha sofrido tantas e tantas mudanças estruturais que já não tinha nada, ou tinha muito pouco, do instrumento original. Muitos estradivários foram profundamente modificados em decorrência de danos ou mesmo por ignorância. E o fato de ainda trazerem a inconfundível marca *Antonius Stradivarius Cremonensis Faciebat* com a indicação do ano atesta apenas a memória de um instrumento que não existe mais.

Os estradivários preservados do período áureo, entre 1700 e 1725, são inatingíveis. Instrumentos tão famosos e cheios de história que são conhecidos pelo nome. Violinos, como o *Messias*, considerado, ao lado de *Lady Blunt* (em homenagem a uma de suas proprietárias, Lady Anne Blunt [1837–1917], neta de Lord Byron), um dos estradivários mais bem preservados. Ou o violoncelo *Duport*, em homenagem ao músico Jean-Pierre Duport (1741–1818), com uma marca na caixa que, segundo a lenda, foi acidentalmente causada pelas botas de Napoleão durante sua tentativa descuidada de tocá-lo. E ainda o *Cremonese*, o *Vesúvio*, o *Maréchal Berthier*, a viola *Macdonald*, todos instrumentos a cuja extraordinária qualidade se associa o fascínio das vicissitudes históricas que os trouxeram até nossos dias. Conhecer a história dos estradivários significa viajar por boa parte da história da civilização ocidental dos últimos três séculos.

Talvez apenas Giuseppe Guarneri, autor do famoso *Cannone*, o violino de Niccolò Paganini (1782–1840), tenha chegado a produzir instrumentos com a mesma força e charme. Mas de que depende essa magia? A resposta a essa pergunta envolveu gerações de músicos, luthiers, cientistas, especialistas em madeira e materiais. Todos eles convencidos de que finalmente haviam encontrado o segredo em algum detalhe: a cola, a tinta, a mistura ou o tratamento da madeira. A verdade é que ninguém jamais foi capaz de entender verdadeiramente qual era o segredo.

Além, é claro, do abeto-vermelho (*Picea abies*). Não que seja a única madeira usada pelos luthiers para construir um violino. Há muitas outras. O abeto-branco para as costas e as ilhargas, o ébano para o braço, o palissandro e o buxo são apenas alguns exemplos. Mas o abeto-vermelho é o coração de tudo. Só com ele é que se pode fazer um tampo digno do estradivário. A qualidade do instrumento depende muito da qualidade da madeira do tampo. E o abeto-vermelho justamente, aquele que produz a chamada *madeira de ressonância*, não cresce em qualquer lugar, apenas em florestas específicas. Stradivari, por exemplo, usava para a tábua harmônica de seus instrumentos somente a madeira de ressonância produzida pelos abetos-vermelhos da floresta de Paneveggio do Trentino.

Mas o que torna o abeto-vermelho a árvore ideal para a criação de tábuas harmônicas? Em primeiro lugar, a condução perfeita do som, que, segundo os luthiers, devia-se aos seus minúsculos canais resiníferos[3] que percorrem todo o compri-

---

**3**   O nome *Picea* deriva do latim *pix picis*, "piche", em referência à abundante produção de resina de muitas das espécies desse gênero.

mento do tronco e que, com o envelhecimento, ficam ocos, permitindo a vibração do ar em seu interior, como microscópicos tubos de órgão. A cristalização da resina nas paredes desses canais, que ocorre apenas durante uma longa maturação natural, também é de grande importância para melhorar ainda mais a capacidade de transmissão do som.

Para ter uma boa ressonância da madeira, as árvores devem ter um diâmetro mínimo de sessenta centímetros, dimensões que geralmente atingem por volta dos 150, 200 anos. Mas isso não basta. Para que a densidade da madeira seja ideal – a necessária tanto para transmitir o som como para suportar as extraordinárias tensões mecânicas às quais uma caixa de ressonância de violino (de apenas alguns milímetros de espessura) é submetida –, as árvores devem crescer em uma altitude considerável, de preferência em declives, voltada para o norte e em solos pobres. O crescimento deve ser lento e regular, o tronco não deve ter torções, nós nem outras alterações e deve ser cortado durante o repouso vegetativo, quando os açúcares da planta se transformam em amido e a madeira se torna mais resistente. Finalmente, o corte: deve ser feito "em quartos", ou seja, na forma de gomos, e não em tábuas, para que a superfície da madeira fique o mais perpendicular possível aos anéis concêntricos da árvore. A verdade é que muito poucas árvores são realmente adequadas para fazer tábuas harmônicas de alta qualidade.

Durante o crescimento da planta, o clima é fundamental. Os abetos devem crescer em um ambiente ao mesmo tempo constante ao longo dos anos e não muito propício ao crescimento. Os anéis de crescimento anuais devem ser tão regulares quanto possível para garantir uma madeira uniforme. Um dos segredos da grande fabricação de violinos do século XVIII parece residir no crescimento particularmente lento a que os abetos foram submetidos durante a chamada Pequena Idade do Gelo.[4] Esse período particularmente frio, que afetou a Europa entre os séculos XV e meados do século XIX, teve suas temperaturas mais frias nos setenta anos do chamado Mínimo de Maunder, um período de reduzida atividade solar que leva o nome do astrônomo inglês Edward Maunder (1851–1928). Se forem observados os anéis de crescimento das árvores cultivadas na Europa durante aqueles anos, pode-se notar a proximidade das distâncias entre um anel de crescimento e outro. A Pequena Idade do Gelo, portanto, pode ser um dos muitos fatores a conferir qualidade ao estradivário. Se isso for verdade, poderá ser cada vez mais difícil no futuro encontrar madeira com as mesmas características excepcionais. O aquecimento global, por um lado, provoca tempestades que destroem as florestas de onde se obtém a madeira de ressonância e, por outro, modifica as características de crescimento das plantas.

Há alguns anos, tive a sorte de poder examinar de perto alguns desses instrumentos musicais excepcionais. Com meu amigo e colega Marco Fioravanti, especialista em madeira de obras de arte (pinturas, esculturas, móveis e instrumentos musicais), e dois dos meus colaboradores, Elisa Azzarello e Cosimo Taiti, fui a um dos santuários da fabricação mundial de violino: o Museu do Violino de Cremona. A oportunidade que nos fora oferecida era única: poder estudar alguns violinos, violas e violoncelos construídos por mestres como Amati, Antonio Stradivari e Guarneri del Gesù para analisar a produção de substâncias voláteis produzidas pela madeira desses instrumentos.

Tínhamos hipóteses sobre o que acontecia com a madeira durante seu envelhecimento em artefatos tão especiais como

---

**4**    Lloyd Burckle e Henri D. Grissino-Mayer, "Stradivari, Violins, Tree Rings, and the Maunder Minimum: A Hypothesis". *Dendrochronologia*, v. 21, n. 1, Amsterdam, 2003, pp. 41–45.

instrumentos de corda e, para verificá-las, seria necessário analisar instrumentos antigos. Para fundamentar nossas hipóteses com dados reais, até então verificados apenas em laboratório, solicitamos ao Museu do Violino o acesso a seus tesouros. Por intermédio de Marco, dono de um longo histórico de colaborações com o museu, fomos informados de que ficariam a nossa disposição, para análise, muitos dos instrumentos da coleção. Por 24 horas, no dia em que o museu ficava fechado ao público, pudemos analisar algumas das maravilhas da fabricação de violinos de todos os tempos.

Trabalhar com esses instrumentos, como é fácil imaginar, não é nada simples e requer sobretudo precauções e limitações. Entre elas, claro, a impossibilidade absoluta de extrair qualquer parte, ainda que microscópica, do objeto. Os instrumentos são intangíveis. Eles só podem ser estudados se a investigação não exigir nenhuma interação com os materiais dos quais foram feitos. Para respeitar essas limitações, nosso estudo se baseou exclusivamente na análise das substâncias voláteis emitidas pela madeira. Embora pareçam simples, os experimentos demandaram semanas de estudo e preparação. Levamos para Cremona, de nosso laboratório em Florença, tudo o que era necessário para montar um laboratório de ponta de análise de compostos voláteis na sala que nos foi designada. Para introduzir nossas sondas nas caixas de ressonância, a ideia era usar as únicas aberturas presentes no instrumento: os chamados "furos efe" e a fixação do botão na parte inferior. Fechando todas as aberturas por um intervalo controlado, poderíamos saber quantas moléculas naquela unidade de tempo eram produzidas pela madeira do violino.

Chegamos a Cremona dois dias antes da data fatídica e preparamos o laboratório que acolheria nossos ilustres pacientes. Durante esses dias, conhecemos o museu e suas coleções incríveis. Lembro-me muito bem da primeira visita, guiada pela diretora. Para qualquer lado que eu me virasse, instrumentos musicais excepcionais, de diferentes épocas, antigos e modernos, mostravam-se em esculturas e decorações ou na simplicidade austera da perfeição formal, lembrando-nos da importância da fabricação de violinos da Escola de Cremona. Da origem do violino a uma clássica oficina de luthier, da história da Escola de Cremona aos achados estradivarianos, finalmente chegamos ao coração do museu, a famosa sala 5. O nome pelo qual é conhecida, "a arca do tesouro", dá apenas uma ideia parcial do que está contido nela. É como entrar no santuário da fabricação de violinos de Cremona. Magnificamente expostas, cada uma em sua caixa de cristal, nove obras-primas são oferecidas à adoração de músicos de todo o planeta. A diretora nos mostra um a um com a familiaridade e o carinho que se têm pelos filhos: "Nesta sala encontramos algumas obras-primas da família Amati. Um para cada um de seus membros mais ilustres. À nossa frente, o *Carlos IX*, de Andrea Amati (c. 1520–c. 1578), construído pelo antepassado da família por volta de 1566, ao lado da viola *Stauffer*, de 1615, a obra de Girolamo Amati (1561–1630), um dos filhos de Andrea, e por fim o esplêndido violino *Hammerle*, de 1658, do filho de Girolamo, Niccolò Amati. À nossa frente, os três violinos estradivários do museu: o *Clisbee*, de 1669, o famoso *Cremonese* de 1715, e o *Vesuvius*, de 1727; mais adiante, um dos seus violoncelos, o *Stauffer – ex-Cristiani*, de 1700. E, para terminar, os Guarneri: o violino *Quarestani* de Giuseppe Giovanni Battista Guarneri, construído em 1689, e o *Stauffer*, de 1734, de seu filho Bartolomeo Giuseppe Guarneri del Gesù".

No dia seguinte, de madrugada, estávamos de jaleco branco à espera da chegada das desejadas obras-primas. O primeiro a chegar, *noblesse oblige*, foi *Carlos IX*, de Andrea Amati. Toquei-o com reverência, como se estivesse lidando com algo sagrado. Era um violino de 1566! Tocou por 450 anos e foi criado pelas mãos de Andrea Amati para o rei da França, Carlos IX de Valois (1550–1574). Eu disse, Carlos IX! O filho de Catarina de Médici, o rei da Noite de São Bartolomeu, da conspiração de Amboise, a família Guise, o príncipe de Condé. O infeliz Carlos IX. Para me lembrar de sua aparência, fui olhar os retratos pintados por François Clouet (c. 1515–1572): Carlos IX, onze anos, em 1561, na idade de se tornar rei da França, e depois em 1572, aos 22, dois anos antes de morrer de tuberculose com apenas 24 anos. Nos dois retratos, apesar de em um haver uma criança e o outro, um homem adulto, capturam-se a mesma melancolia e expressão séria. As crônicas contam que ele era apaixonado pela música. Talvez fosse para fazê-lo sorrir, pensei, que, em 1565, Catarina decidiu comprar 38 instrumentos (doze violinos pequenos, doze violinos grandes, seis tenores e oito baixos) e, como se destinavam a um rei, ela só poderia recorrer ao melhor de todos: Andrea Amati.

Infelizmente, restam apenas alguns desses instrumentos. Durante a Revolução Francesa, quase toda a coleção foi destruída ou dispersada. O violino em minhas mãos foi um dos poucos sobreviventes dessa ordem real. E ele era magnífico. Nas ilhargas, as decorações folheadas a ouro do lema de Carlos IX *Pietate et Justitia*; nas costas, o brasão do rei da França ao centro, entre as figuras da Pietà e da Justiça. Mas, independentemente da riqueza das decorações, é a graça do instrumento que impressiona, a elegância da voluta, as proporções. O fato de produzir música celestial há quase meio milênio. De forma muito mais prosaica, nos limitamos, sob o olhar atento do curador do museu, a medir os compostos voláteis produzidos pela caixa. No veludo vermelho que havíamos preparado naquele dia, passou diante de nós a história dos instrumentos de cordas. Em rápida sucessão, tivemos a oportunidade de analisar, além de Carlos IX, todo o conteúdo da "arca do tesouro" do museu de Cremona: o *Clisbee*, o *Cremonese*, o *Vesuvius*, o violoncelo *Stauffer – ex-Cristiani*, o *Quarestani* e muitos outros instrumentos maravilhosos, cada um com sua sequência de ricos proprietários, músicos lendários que os tocaram, danos, guerras, roubos e descobertas milagrosas, pequenas aventuras e grande história. Durante um dia inteiro, associamos nossos nomes a esses instrumentos e participamos de suas aventuras. Quaisquer que fossem os dados científicos obtidos, não poderia ter sido melhor.

Se você esperava revelações sensacionais sobre o mistério do som do estradivário, saiba que, no final das contas, o único segredo dessas joias está na qualidade da matéria-prima. Ou seja, na escolha da madeira. Em certo sentido, a arte do luthier consiste em escolher a árvore certa. Uma escolha incrivelmente difícil, que requer longa experiência, um olho treinado para ver as menores diferenças, a intuição de gênio e, certamente, uma boa dose de sorte. Assim, quando se encontra uma árvore que apresenta todas as características buscadas, pode ocorrer de ela ser utilizada ao longo dos anos por diferentes luthiers, como sabemos que aconteceu com um abeto-vermelho de cuja madeira foram produzidos pelo menos três violinos: um em 1744, de Giuseppe Guarneri del Gesù em Cremona, outro em 1746, de Sanctus Seraphin em Veneza e, finalmente, um último, em 1767, por José Contreras em Madri.

Você se surpreende? Pense que, com base em um estudo de treze violinos e violas feitos por Andrea Amati, pudemos depreender que cinco vieram da mesma árvore. Mas o recorde, mais uma vez, pertence ao maior de todos, Antonio Stradivari, que, entre 1695 e 1705, construiu pelo menos catorze violas e violinos com a madeira do mesmo abeto.[5] Resumindo, eles são irmãos de madeira! Embora os pais luthier desses irmãos às vezes sejam diferentes, o mais comum é que sejam os mesmos.

**5**  Peter Ratcliff, "Q&A: Violin Detective". *Nature*, n. 513, 2014, p. 486.

Quando um mestre luthier encontra uma árvore com todas as características necessárias no mais alto grau, ele a guarda ciosamente e toma cuidado para não a compartilhar. Essas obras-primas são incomparáveis pela estrutura homogênea e compacta da madeira de abeto selecionada, assim como pela regularidade de seus anéis de crescimento. Os mesmos anéis de crescimento que, como veremos, permitem-nos estudar o clima, datar vestígios arqueológicos e analisar os ciclos solares.

# 5

# ANÉIS DO TEMPO

Entre as muitas histórias de plantas que, como a música para Edward Elgar, circulam pelo ar, nenhuma me pareceu mais exemplar da inesgotável fina linha verde que inerva a história da ciência como a que estou prestes a contar. Uma fantástica aventura que conecta anéis de árvores a manchas solares e à datação arqueológica das primeiras civilizações humanas. Botânicos, ganhadores do Nobel, astrônomos, arqueólogos, visionários e aventureiros são os improváveis protagonistas dessa história que, nascida de um grande erro, culminou em um dos maiores sucessos da ciência moderna. E tudo começa, mais uma vez, com os anéis concêntricos das árvores. Mas vamos por partes.

Todos nós sabemos que nas árvores ocorre o chamado crescimento secundário do caule em virtude do qual a planta anualmente produz um novo anel que aumenta a circunferência do tronco. O que talvez nem todos saibam é que, estudando a largura desses anéis, é possível saber a tendência do clima das estações passadas. A primeira pessoa a ter essa intuição surpreendente foi Leonardo da Vinci, que escreveu: "Os círculos dos galhos das árvores serradas mostram o número de seus anos e quais foram mais úmidos ou mais secos, de acordo com sua maior ou menor espessura".[1]

Uma intuição extraordinária, tão à frente de seu tempo que, como muitas outras descobertas de Da Vinci, permaneceu como letra morta por séculos. De fato, foi preciso esperar até o início do século XX para os anéis de crescimento serem recuperados do esquecimento. Andrew Ellicott Douglass, um astrônomo nascido em 1867 em Windsor, Vermont, foi quem os trouxe de volta à cena como protagonistas de um dos acontecimentos científicos mais importantes do século passado. Vocês podem se perguntar por que um astrônomo acabou se interessando por anéis de crescimento de árvores... bem, essa é a beleza da pesquisa. Você nunca sabe onde pode surgir a solução para o problema que o atormenta. É por isso que as principais qualidades de um cientista devem ser curiosidade insaciável e amor incondicional por todos os campos possíveis do conhecimento.

No caso de Douglass, o problema que o atormentava era o ritmo da atividade magnética solar, ou o ciclo que regula o aparecimento de manchas na superfície do Sol. Essas manchas, na verdade, não são constantes. Seu número e intensidade variam a cada período de mais ou menos onze anos. Embora Galileu tenha sido o primeiro a observar, em 1610, o andamento do ciclo solar com seu telescópio, registros regulares desse fenômeno foram realizados somente em 1849, com a atividade do observatório de Zurique. Ora, é evidente que ter uma série restrita a um ano, 1610, para estudar as atividades de uma estrela de 4,5 bilhões de anos é um grande obstáculo para sua compreensão. Qualquer hipótese baseada em uma série tão limitada apresenta, inevitavelmente, bases

---

**1** Leonardo da Vinci, *Codice Vaticano – Urbinate 1270*. Roma: Biblioteca Lateranense.

pouco sólidas. Este era o problema que atormentava Douglass: como encontrar dados confiáveis sobre a atividade do Sol antes das primeiras observações de Galileu em 1610.

A carreira astronômica de Douglass começou em 1894 no Observatório Percival Lowell em Flagstaff, Arizona. Lá ele se especializou na observação dos chamados "canais de Marte", ou seja, as supostas estruturas (não estava claro na época se eram naturais ou artificiais) identificadas na superfície do planeta Marte por Giovanni Virginio Schiaparelli (1835–1910), diretor do observatório astronômico de Brera, em Milão, durante a grande oposição[2] de Marte, em 1877. As observações de Schiaparelli – reunidas em três publicações com títulos bem pouco originais *O planeta Marte* (1893), *A vida no planeta Marte* (1895) e *O planeta Marte* (1909) – provocaram forte impacto no grande público, dando origem a inúmeras hipóteses sobre a presença de vida senciente no Planeta Vermelho.

Após uma descrença inicial, Percival Lowell também ficou fascinado com a hipótese de que os canais de Marte eram, na verdade, enormes estruturas hidráulicas construídas pelos marcianos para gerenciar melhor a escassez de recursos hídricos do planeta. Em pouco tempo, ele se tornou o mais importante defensor e divulgador dessa teoria no mundo anglo-saxão. E, para não ficar atrás de Schiaparelli, também publicou seus três livros sobre o assunto – *Mars* (1895), *Mars and Its Canals* (1906) e *Mars as the Abode of Life* (1908) –, contribuindo decisivamente para a disseminação de uma lenda duradoura sobre a existência de formas de vida inteligente em Marte.

---

2    Considera-se que Marte está em oposição ao Sol quando ambos se alinham a Terra, mas se encontram em lados opostos. Nessa configuração, Marte está junto de Vênus, a estrela mais brilhante no céu, e, portanto, na melhor condição para ser observado. [O fenômeno ocorre a cada 26 meses, N. E.]

A maior parte da comunidade científica, no entanto, discordou substancialmente da própria ideia de que lá havia canais – naturais ou artificiais –, argumentando, como sugerido pelo astrônomo Vincenzo Cerulli (1859–1927), que não passavam de ilusões de óptica.

Para responder a essas críticas e provar a existência dos canais, Lowell construiu um observatório astronômico avançado em Flagstaff. É ali, na corte de Percival Lowell, que encontramos o jovem Douglass com a intenção de observar Marte e seus canais fantasmas.

Começar um trabalho tentando encontrar evidências com base em uma teoria tão maluca não é a melhor maneira de garantir uma carreira de sucesso no mundo da astronomia. Assim, após ter obtido mais imagens de Marte do que qualquer outro astrônomo vivo, entre 1894 e 1901, e ter se convencido de que não havia nenhum canal em Marte, despertando a ira de Lowell, Douglass mudou seu foco para o problema das manchas solares, imaginando um sistema que pudesse expandir significativamente a minúscula série de observações iniciada com Galileu em 1610. Douglass aspirava a uma série que remontasse pelo menos à pré-história humana, e a sua ideia para conseguir obtê-la, embora simples, é de uma força extraordinária.

O número de manchas solares está diretamente relacionado à atividade do Sol, portanto, quanto mais delas são produzidas, maior é a atividade do Sol. Logo – ele conclui –, o aumento na quantidade de energia que o planeta recebe durante os períodos de atividade solar máxima deve afetar razoavelmente o clima da Terra. Entretanto, considerando que o clima influencia de maneira direta a largura dos anéis concêntricos das árvores – uma vez que anos climaticamente favoráveis para o crescimento das plantas induzem à produção de anéis mais grossos, enquanto anos desfavoráveis nesse sentido induzem a anéis mais finos –, deveria ser possível encontrar os famosos ciclos de onze anos da atividade solar também nas sequências de anéis largos ou estreitos dentro dos troncos das árvores.

A hipótese, segundo Douglass, poderia ser validada de 1610 até hoje, período do qual dispomos tanto da sequência da atividade solar como das árvores ainda vivas, que podem nos fornecer sua sucessão de anéis. Ele chama isso de *cronologia*. Se houvesse alguma confirmação, as cronologias obtidas com as árvores ainda vivas poderiam ser estendidas até os tempos pré-históricos, sobrepondo às primeiras aquelas obtidas com árvores mortas ou com madeira de edifícios ou estruturas antigas. Uma ideia sem dúvida fascinante que, entretanto, para ser corroborada, necessitava ter confirmada a hipótese de que era possível observar o ciclo solar dentro da cronologia das árvores, até então completamente aleatória.

Em 1906, Douglass deixou o Observatório Lowell e se tornou professor de Física e Astronomia no campus de Tucson, da Universidade do Arizona. Ali, deu continuidade à sua pesquisa com empenho, desenvolvendo um sistema que denominou *análise do ciclograma*, usado para identificar periodicidades dentro da série dos anéis de crescimento. Os resultados pareciam confirmar a presença de um ciclo de 11,5 anos na sequência dos anéis. Mas era apenas uma falsa impressão. Infelizmente, além do ciclo de 11,5 anos, a análise do ciclograma revelava períodos de 23 anos, 20 anos, 19 anos, 14 anos e muitos outros ainda mais curtos. Na prática, apesar de todas as declarações de Douglass em que ele revela poder destacar com precisão os ciclos de 11,5 anos em função da atividade do Sol, o sistema que ele propôs não funciona.

Evidentemente, se há mesmo influência da atividade solar sobre o clima do planeta, ou se ela é tão pequena que não provoca mudanças na magnitude dos anéis de crescimento, ou, então, se as mudanças resultantes da atividade solar acabam sendo mascaradas por influências muito maiores – como a disponibilidade de água para a planta. De todo modo, a ideia de buscar na cronologia das árvores o caráter cíclico da atividade solar acabou se revelando definitivamente equivocada. Para todos... exceto para Douglass, que, apesar do amontoado de resultados negativos, continuou obstinadamente defendendo sua ideia, convencido de que, no longo prazo, aumentando o número de amostras, a natureza cíclica da atividade solar ficaria evidente com base na cronologia das árvores.

Foi uma sorte Douglass ter sido tão teimoso. Se ele tivesse sido mais razoável, não teria se interessado em construir cronologias mais longas, que remontassem à pré-história, e os resultados bem-sucedidos e inesperados dessa atividade não teriam aparecido, ou teriam sido adiados sabe-se lá por quantos anos. Ao contrário, negando completamente os resultados desencorajadores, Douglass se dedicou à construção de sua primeira longa série cronológica, a do planalto do Colorado, uma região desértica do sudoeste dos Estados Unidos. O planalto localiza-se mais ou menos na área dos Quatro Cantos, único ponto dos Estados Unidos em que as divisas de quatro estados se cruzam – Arizona, Colorado, Novo México e Utah. É uma região muito vasta, que se presta perfeitamente à criação da primeira série dendrocronológica da história.

O clima desértico evita o apodrecimento das árvores mortas, preservando-as indefinidamente e, por isso, pode fornecer valiosas séries cronológicas. Além disso, a região do planalto é rica em ruínas de antigos assentamentos. Nela podem ser encontrados troncos e artefatos de madeira e as espécies de árvores mais comuns, incluindo o pinheiro-amarelo (*Pinus ponderosa*) e o abeto-de-douglas (*Pseudotsuga menziesii*), particularmente adequados para medições dendrocronológicas, pois formam anéis muito claros e são bastante sensíveis às variações climáticas anuais.

Era apenas uma questão de tempo para que o caminho de Douglass, constantemente empenhado na busca de peças antigas de madeira do planalto do Colorado, cruzasse com o de arqueólogos interessados na datação de ruínas antigas. E assim foi. Em 1909, Clark Wissler (1870–1947), do Museu Americano de História Natural, após ler uma obra de Douglass sobre a relação entre o clima e os anéis de crescimento nas árvores, decidiu escrever-lhe: "Seu trabalho me sugere uma possível ajuda na pesquisa arqueológica do sudoeste... Não sabemos a idade dessas ruínas, mas eu ficaria feliz em ter sua opinião sobre a possibilidade de relacionar as espécies de madeira dessas ruínas às suas cronologias de árvores existentes".[3]

Assim nasceu o interesse de Douglass em datar as ruínas no sudoeste dos Estados Unidos. Na ausência de uma cronologia contínua para a região, o primeiro passo foi recolher as sequências presentes nas vigas utilizadas para as construções nos principais sítios arqueológicos e analisá-las com o objetivo de encontrar eventuais correspondências. Essa abordagem não levou a uma datação absoluta das ruínas, mas proporcionou, apesar disso, uma datação de extremo interesse. Na prática, Douglass foi capaz de estabelecer quais ruínas haviam sido construídas nos mesmos anos ou quais antes e quais depois, sem, contudo, poder fornecer uma datação absoluta.

Em maio de 1919, dez anos após a primeira carta de Wissler, Douglass apresentou os primeiros resultados extraordinários do estudo dos anéis. Depois de analisar amostras de ruínas astecas no Novo México e compará-las com amostras de outro local, Pueblo Bonito, no mesmo estado, Douglass pôde afirmar com absoluta confiança que o segundo havia sido

---

**3**  Stephen E. Nash, *Time, Trees, and Prehistory: Tree-Ring Dating and the Development of North American Archaeology 1914–1950*. Salt Lake City: University of Utah Press, 1999.

construído quarenta anos antes do sítio. Até então, ninguém conseguira fornecer informações tão detalhadas sobre as datas em que aqueles sítios haviam sido erguidos. As datações arqueológicas eram feitas por aproximação e semelhança com outros sítios, cuja data exata de construção era conhecida por algum motivo fortuito. Com os resultados em mãos, Douglass demonstrou que a dendrocronologia pode dar uma contribuição fundamental para a arqueologia. O sistema funciona e é simples. O instrumento necessário para extrair as sequências dos anéis de crescimento se resume a um minitrado (trado de Pressler), que extrai amostras cilíndricas de alguns milímetros de diâmetro, sem a necessidade de danificar a árvore ou a viga que se deseja analisar. Qualquer pessoa, depois de um mínimo de treinamento, pode colher amostras excelentes.

Ao analisar, por meio desse sistema, as árvores vivas do planalto do Colorado e os restos de madeira encontrados nas ruínas, em 1928, Douglass montou duas cronologias, cada uma com mais de cinco séculos de extensão. O problema é que elas não são contíguas. Uma se baseia em árvores vivas, começa na contemporaneidade e remonta a cinco séculos (neste caso, cada ano apresenta datação exata); a outra se ancora em vigas encontradas em ruínas ou em árvores mortas e, embora tenha uma sequência perfeita, é desprovida de datação. Douglass não tem um ponto de apoio para relacionar a segunda cronologia a eventos reais. Obviamente, existe um intervalo de tempo entre as duas cronologias que impede a obtenção de uma única, muito longa, mas não é possível saber se esse intervalo é de alguns anos, algumas décadas ou até mesmo milênios. A busca por uma ou mais amostras de madeira que pudessem preencher essa lacuna tornou-se crucial. Certamente haveria inúmeras aplicações possíveis. Por exemplo, as ruínas de civilizações antigas que se espalham pelo planalto do Colorado e sobre as quais muito pouco se sabe poderiam ser datadas com exatidão. Seria a primeira aplicação real e importante da intuição de Douglass, de um gênero completamente diferente em relação à pesquisa inicial sobre o caráter cíclico da atividade solar, mas não menos interessante. Ao contrário.

Para preencher a lacuna entre suas duas cronologias, Douglass adotou uma abordagem dupla. Por um lado, continuou com as expedições em busca de amostras de madeira retiradas das ruínas dos antigos lugares habitados do sudoeste; de outro, procurou árvores com idade suficiente para estender sua cronologia baseada em árvores vivas. Essas árvores antigas existem, mas não no planalto do Colorado, e sim na vizinha Alta Sierra, onde crescem sequoias-gigantes (*Sequoiadendron giganteum*), com idade superior a 3 mil anos. Se fosse possível sobrepor as cronologias do planalto com as dessa região, o problema estaria resolvido. Infelizmente, as condições climáticas da Alta Sierra são tão diferentes, no que se refere à precipitação e à temperatura, que as duas séries não podem, de forma alguma, ser sobrepostas. Restava a possibilidade de encontrar alguns vestígios de madeira entre as ruínas.

Assim, em 1929, Douglass partiu em uma expedição cujo único objetivo era encontrar uma amostra que preenchesse a lacuna entre essas duas cronologias. Ele não tinha certeza de que essa tentativa traria resultados úteis. A sua cronologia baseada em árvores vivas remonta a 1270, enquanto a outra, obtida com os restos de madeira, cobre um período de mais cinco séculos. Os arqueólogos insistiam em que as ruínas do planalto datavam de uma época muito antiga. De acordo com essas previsões, o intervalo que separava as duas cronologias estabelecidas por ele é de pelo menos cinco séculos. As chances de encontrar amostras capazes de cobrir esse intervalo pareciam muito limitadas. No entanto, em 22 de junho de

1929, uma viga rotulada com o número de série HH-39, extraída do sítio Show Low no Arizona, conseguiu combinar as duas cronologias e demonstrar que as previsões dos arqueólogos estavam erradas. Os sítios do sudoeste eram muito mais recentes do que esperavam. O intervalo que a amostra do HH-39 preenche é, na verdade, de menos de um século.

Depois de décadas de trabalho, Douglass tinha diante de si uma série cronológica contínua que remontava a 700 d.C. Isso lhe permitiu datar com exatidão todas as ruínas presentes no sudoeste dos Estados Unidos. A Mesa Verde e o cânion de Chelly datam do século XIII; as ruínas astecas foram construídas em um período que vai de 1111 a 1120. Pueblo Bonito nasceu no final do século XI.[4] Logo após restaurar toda a série cronológica, em 1929 Douglass escreveu: "As duas cronologias foram definitivamente combinadas e sua união confirmada pelo HH-39, que na arqueologia americana está destinado a ocupar um lugar comparável à pedra de Roseta".[5]

Assim que ficou claro que havia sido descoberto um método prático, absurdamente simples e, em princípio, aplicável à datação de qualquer civilização humana antiga, desde que se tivesse a sequência correta dos anéis de crescimento das árvores, seria de esperar uma solicitação imediata de serviços análogos para datar o aparecimento de civilizações antigas em todo o planeta. No entanto, após os triunfos da datação no sudoeste dos Estados Unidos, o sistema parece não ter sido usado em nenhum outro lugar no mundo. Não aconteceu mais nada.

**4** Harold C. Fritts, *Tree Rings and Climate*. Caldwell: The Blackburn Press, 1976.

**5** Andrew Ellicott Douglass, "The Secret of the Southwest Solved by Talkative Tree Rings". *National Geographic Magazine*, v. 56, n. 6, 1929, pp. 736–70.

Mas o mais extraordinário dessa história é que, ainda em 1936,[6] Douglass estava convencido de que podia usar a dendrocronologia para obter dados sobre a natureza cíclica da atividade solar e, intrépido, continuou analisando os anéis das árvores, acreditando que informações importantes sobre os ciclos solares poderiam ser obtidas com base nesses dados. Para Douglass, a questão da datação arqueológica era secundária à possibilidade de trabalhar nos ciclos solares.

Contudo, ele não perdeu de vista a importância de suas pesquisas em campos muito diferentes da astronomia. Assim, em 1937, depois de ter fundado em Tucson o primeiro laboratório do mundo especializado no estudo de anéis de árvores, o Laboratory of Tree-Ring Research [Laboratório de Pesquisa de Anéis de Árvores] da Universidade do Arizona, ele se tornou pioneiro no ensino de dendrocronologia. Na verdade, Douglass foi o fundador dessa disciplina. Naqueles anos, a datação da série cronológica do planalto do Colorado foi estendida, com outras amostras, até o século I a.C. Então os estudos foram interrompidos porque não se vislumbrava como a série poderia ser ampliada. No sudoeste, não há vestígios mais antigos do que os já encontrados, e mesmo a série cronológica das sequoias de Alta Sierra certamente não podia ir além dos 3 mil anos alcançados com espécies mais longevas. Por vinte anos, nada de relevante parecia ter acontecido no campo da dendrocronologia.

Mas esse estado de coisas não poderia durar. E, de fato, não durou. Chegou ao Laboratory of Tree-Ring Research Edmund Schulman, um jovem assistente que logo se tornou o principal colaborador e continuador do trabalho de Douglass. Os dois pesquisadores eram muito diferentes. Douglass era o

---

**6**  A. E. Douglass, *Climatic Cycles and Tree-Growth*, v. 3. Washington: Carnegie Institution, 1936, pp. 171 ss.

representante da pesquisa heroica e intuitiva, Schulman era mais rigoroso e analítico. No entanto, eles tinham em comum algo que era fundamental: a crença inabalável de que a dendrocronologia poderia fornecer inúmeras informações para a ciência, além de um grande amor pela exploração e pelo trabalho de campo.

Desde 1939 e pelo resto de sua vida, Schulman passou todos os verões em busca das árvores vivas mais antigas do sudoeste dos Estados Unidos. A maioria de seus colegas estava firmemente convencida de que nenhuma árvore viva poderia ser encontrada além da chamada "barreira de Cristo", isto é, antes do ano zero da era atual. Apesar disso, Schulman permaneceu inabalável em sua pesquisa. Por muitos anos, ele não encontrou árvores com mais de 1700 anos. Então, em 1953, retornando de um de seus campos em Sun Valley, Idaho, onde no ano anterior ele havia localizado um *Pinus flexilis* de 1650 anos, Schulman decidiu fazer um desvio e passar pelas montanhas Brancas, onde havia sido relatada a presença de árvores excepcionalmente longevas.

Ele não dava muito crédito a esses rumores. Durante décadas, Schulman pesquisou árvores que lhe foram indicadas como muito antigas e que, no final, eram muito mais jovens do que se pensava. Dessa vez, porém, foi diferente. Aquela região era totalmente desconhecida para ele. Era uma floresta de *Pinus longaeva* na qual, alguns anos antes, um guarda-florestal chamado Alvin Noren avistara um espécime enorme, chamado "o Patriarca", sobre cuja idade se havia fantasiado muito, embora tivesse apenas 1500 anos. A floresta de *Pinus longaeva* fascinou Schulman. Ele percebeu o potencial que havia ali e concentrou a sua pesquisa naquela área das montanhas Brancas durante todos os anos pelo resto da sua vida. Ele passou o verão de 1957 na área mais seca da floresta, mais tarde conhecida como o "passeio Matusalém". As condições verdadeiramente extremas, com afloramentos rochosos e quantidade mínima de chuvas, eram ideais para a procura da árvore anterior ao nascimento de Cristo.

Os resultados foram muito além de suas expectativas mais otimistas: Schulman identificou *Pine Alpha*, a primeira árvore com idade superior a 4 mil anos.[7] A verdade é que a área explorada por Schulman era perfeita para seus estudos. Entre 2500 e 3500 metros acima do nível do mar, os pinheiros crescem no limite do possível, com recursos reduzidos e em um clima adverso. Uma condição ideal para árvores que se tornarão recordistas de longevidade. O solo, de origem dolomita, é tão pobre em água e nutrientes que as árvores crescem atrofiadas e retorcidas, embora sejam milenares. A primeira imagem que vem à mente para descrevê-las para quem nunca as viu de perto é a de um bonsai gigante. Schulman fala de "longevidade em meio à adversidade";[8] uma mesma espécie, em condições mais favoráveis encontradas em outras regiões da Califórnia, ainda que bastante próximas, não chegou nem perto dos recordes encontrados nas montanhas Brancas.

Atualmente já se tem certeza de que, nos animais, as condições de restrição calórica aumentam significativamente a longevidade dos indivíduos. A vida parece preferir a limitação à abundância e a área identificada por Schulman é uma demonstração clara disso. As descobertas prosseguiram. Estudando em laboratório uma amostra extraída de um pinheiro com o seu trado, ele estimou a idade da árvore em mais de 4600 anos e chamou-a de Matusalém. Era o ser vivo mais

---

**7** Donald J. McGraw, *Edmund Schulman and the "Living Ruins": Bristlecone Pines, Tree Rings, and Radiocarbon Dating*. Bishop: Community Printing and Publishing, 2007.

**8** Edmund Schulman, "Longevity under Adversity in Conifers". *Science*, v. 119, n. 3091, Washington, 1954, pp. 396–99.

antigo que se conhecia.[9] Alguns anos depois, outros pesquisadores descobriram na mesma área outro pinheiro, Prometeu, de 4900 anos, de cujo destino trataremos em breve.

Graças a esses recordistas de longevidade, a pesquisa dendrocronológica conseguiu voltar à ribalta com expectativas muito além daquelas de poucos anos antes. O clima seco e frio da região impediu o apodrecimento dos restos de árvores mortas, preservando-as por milênios. Entre árvores vivas e troncos mortos no chão, uma série cronológica ininterrupta de 9 mil anos não era mais um sonho. Schulman descobriu em pouco tempo mais de vinte árvores com mais de 4 mil anos, mas não teve tempo de estudar suas cronologias porque – por ironia – morreu prematuramente aos 49 anos, vivendo um período cem vezes mais curto do que as criaturas que amou e estudou.

Já Donald Currey, um pesquisador muito jovem, da Universidade da Carolina do Norte, recém-formado, inscreveu oficialmente seu nome na história da dendrocronologia, mas por razões nada meritórias. Ele recebeu, em 1964, uma bolsa da National Science Foundation para analisar, por conta da dendrocronologia, a chamada Pequena Idade do Gelo – um período frio na história do planeta, convencionalmente restrito a uma época que vai do século XVI ao XIX, embora alguns especialistas prefiram considerar um período de tempo mais amplo, de 1300 a 1850. O esclarecimento sobre as datas de início e término desse período é importante, você verá. Como parte das atividades financiadas de Currey, havia também uma expedição de verão entre os *Pinus longaeva* para coletar dados úteis para sua pesquisa. A fim de realizar essa tarefa da melhor forma possível, ele obteve autorização do

**9** Id., "Bristlecone Pine, Oldest Known Living Thing". *The National Geographic Magazine*, v. 113, n. 3, 1958, pp. 354–72.

serviço florestal para cortar uma árvore com a qual realizaria o estudo da cronologia dos anéis. Por que teria sido necessário cortar uma árvore permanece um mistério. Não é preciso cortar uma árvore para saber sua sequência de anéis de crescimento. O trado de Pressler foi uma ferramenta muito comum por décadas e não era imaginável uma expedição que estivesse coletando dados dendrocronológicos sem contar com vários exemplares dele.

De todo modo, no verão de 1964, Currey decidiu visitar uma população de *Pinus longaeva* no pico Wheeler, no leste de Nevada, que, apesar de crescer fora da bacia das montanhas Brancas, já havia sido amplamente estudada por pesquisadores. Sem saber dos resultados da missão anterior, Currey começou a colher amostras das árvores ali presentes e percebeu que muitas tinham mais de 3 mil anos. Mas ele foi particularmente atraído por um espécime, que chamou de WPN-114. Fazendo uso do trado, ele pegou quatro amostras diferentes, porém não obteve uma sequência contínua. Depois de quebrar duas brocas na tentativa de conseguir mais amostras, foi atrás da autorização do serviço florestal para cortar a árvore. Como se o aval não bastasse, o serviço florestal ofereceu homens e ferramentas para realizar a tarefa da melhor maneira possível.

Em 6 de agosto de 1964, o WPN-114 foi derrubado e suas seções finalmente analisadas para determinar sua idade. Os resultados foram desconcertantes e dramáticos. A árvore acabou se revelando não apenas um espécime antigo, mas também *o mais antigo* de todos os seres vivos da Terra. Currey, com a ajuda do serviço florestal, em uma sequência de leviandade, inépcia e estupidez sem precedentes, conseguiu matar Prometeu, o senhor supremo da vida no planeta.

Como é que a existência de Prometeu não era conhecida nem pelo serviço florestal nem pelo jovem Currey? Por que o serviço florestal deu permissão para cortar uma árvore sem que houvesse um propósito científico real? E, acima de tudo, por que Currey, cujo trabalho deveria ser analisar dados da Pequena Idade do Gelo, estava interessado em árvores com mais de 4 mil anos? Nunca se soube nada a respeito. A notícia do abate de Prometeu foi mantida em sigilo por anos e, quando começou a circular, foi difícil apurar a responsabilidade. O que sabemos é que ninguém pagou por esse crime contra a vida. E mais: ninguém acreditava que tivesse sido um crime. Afinal, tratava-se apenas de *lenha* cortada.

É nesse ponto que, nesta história de astrônomos, árvores milenares, florestas e datação, entra em cena um personagem complicado. Willard Frank Libby (1908–1980), Prêmio Nobel de Química em 1960, alguém que à primeira vista parece difícil de integrar ao restante do nosso elenco, mas que, visto mais de perto, tem alguns pontos em comum com os demais personagens, desde o nascimento em uma família de camponeses no Colorado, o estado que é o cenário de toda a história que contamos até agora, e é claro, sua paixão pela pesquisa científica.

Libby, desde o início de sua carreira, interessou-se pelo estudo da radioatividade, tanto natural quanto artificial. Ele construiu contadores Geiger muito sensíveis e, inevitavelmente, com a entrada dos Estados Unidos na Segunda Guerra Mundial, em 1941, ingressou no Projeto Manhattan, o grupo de cientistas que desenvolveu a bomba atômica. Com o fim da guerra, ele retornou aos estudos de radioatividade e aceitou o cargo de professor no então recém-criado Instituto de Estudos Nucleares da Universidade de Chicago. Enquanto isso, em 1939, o barão Serge Korff descobriu algo fundamental tanto para a carreira de Libby como para o resto de nossa história: que os raios cósmicos que chegam à atmosfera geram nêutrons que interagem com o nitrogênio do ar, produzindo carbono-14 ($C14$).

O que torna o $C14$ interessante é que esse isótopo de carbono não é estável: ele decai (isto é, transforma-se em outro) com meia-vida de 5730 anos (isso significa que, em 5730 anos, a quantidade de C14 é reduzida pela metade). Quer dizer, Libby percebeu que todo ser vivo, fosse planta ou animal, absorve C14 durante sua vida e que, depois de sua morte, esse C14 começa a decair, reduzindo-se pela metade a cada 5730 anos. Ora, se alguém menos acostumado a explicações científicas estiver começando a ter palpitações, por favor, não se assuste; não há nada de muito técnico no que estou prestes a dizer. Vamos retomar. O C14 é encontrado na atmosfera principalmente na forma de $CO_2$ e, como tal, é absorvido pelas plantas por meio do processo de fotossíntese e transformado em matéria orgânica. Assim, toda planta (e material de origem vegetal) tem uma cota de C14. O mesmo vale para os animais, cujo carbono deriva do ciclo alimentar e, portanto, em última instância, das plantas que estão em sua base. Quero dizer que, em tudo o que um animal come – plantas ou outros animais –, o carbono de que é feito sempre vem das plantas. Bem, o pior já passou. Assim, como intuiu Libby, todo material de origem orgânica deve ter C14 em quantidades gradativamente menores, dependendo do tempo decorrido desde a morte do organismo que o produziu. Um pedaço de madeira, um pano, restos de comida, papel, ossos de animais, um esqueleto humano, tudo o que é de origem orgânica pode ser datado por meio da medição da quantidade do seu resíduo de C14.

O primeiro problema que Libby precisou resolver foi provar que o C14 estava realmente presente no material orgânico. Não é um problema de simples resolução. A quantidade de C14 só pode ser medida pelas radiações produzidas, cuja intensidade, no entanto, é tão baixa que não existe um sistema suficientemente sensível para detectá-las. Porém, como já dissemos, Libby teve uma preparação extraordinária na construção de contadores Geiger. Sem entrar em detalhes, ele chegou ao cerne do problema e conseguiu demonstrar a presença do C14 na matéria viva.[10] Tendo encontrado o sistema para medir a radioatividade muito fraca produzida pelo decaimento do C14, Libby tinha em mãos um sistema muito poderoso para datar qualquer substância orgânica.

O próximo passo era testar a validade da nova técnica, analisando amostras cuja idade já era conhecida por outras vias. Para fazer isso, ele utilizou duas amostras retiradas das tumbas de dois reis egípcios, Djoser e Seneferu, datadas de 2625 a.C. com uma margem de erro de mais ou menos 75 anos. Segundo a medição C14 de Libby, as amostras datavam de 2800 a.C. com uma margem de erro para mais ou menos 250 anos.[11] É um resultado muito bom. Em 1952, com a publicação de sua datação por radiocarbono,[12] a técnica estava suficientemente madura para ser usada e revolucionar disciplinas inteiras, como a arqueologia e a paleontologia, ou qualquer outro setor que lida com artefatos antigos. Em 1960, mais de vinte laboratórios de datação por radiocarbono já estavam em operação em todo o mundo. Como o comitê do Nobel escreveu ao lhe conceder o prêmio de Química em 1960, "raramente uma única descoberta na química teve tanto impacto nas ideias de tantos campos da atividade humana".

Em comparação com a dendrocronologia, a datação C14 tinha inúmeras vantagens. Ela podia ser aplicada a qualquer material orgânico, não apenas à madeira; não precisava de cronologias locais; a quantidade de material necessário para datar

10    Ernest C. Anderson et al., "Radiocarbon from Cosmic Radiation". *Science*, v. 105, n. 2 735, Washington, 1947, p. 576.

11    James R. Arnold e Willard Frank Libby, "Age Determinations by Radiocarbon Content: Checks with Samples of Known Age". *Science*, v. 110, n. 2 869, Washington, 1949, pp. 678–80.

12    W. F. Libby, *Radiocarbon Dating*. Chicago: University of Chicago Press, 1952.

era muito menor etc. No entanto, a dendrocronologia, quando aplicável, era muito mais segura e livre de erros de fatores externos, como muitos logo perceberiam no caso do C14. Na verdade, a técnica tinha seus pontos fracos. As primeiras medições feitas na década de 1950 deram resultados tão surpreendentes e diferentes em relação ao que se poderia esperar que muitos arqueólogos os consideraram totalmente equivocados.[13]

É preciso pensar que, na primeira metade do século passado, a maioria dos arqueólogos estava firmemente convencida de que os grandes monumentos megalíticos, como Stonehenge ou complexos situados na Espanha e em outros países europeus, eram posteriores às obras da civilização micênica. Contudo, as medições com a técnica de radiocarbono os dataram como muito anteriores, e, não raro, muito mais do que seria de esperar. Stuart Piggott, um famoso arqueólogo britânico, que em 1954 havia acabado de publicar sua obra *Neolithic Cultures of the British Isle*s, na qual declarava que o início do neolítico nas Ilhas Britânicas não deveria ser considerado antes de 2000 a.C., viu sua afirmação contestada pela datação pelo radiocarbono, que antecipava essa data em pelo menos mil anos. Ele não recebeu nada bem essa refutação e afirmou que as datações obtidas, sendo "arqueologicamente inaceitáveis", indicavam que o sistema de radiocarbono era sujeito a erros.

De certo modo, Piggott estava correto, mas ele não podia imaginar que a direção daqueles erros não era, de forma alguma, no sentido do que imaginava. A técnica de Libby era baseada na suposição de que a quantidade de C14 na atmosfera permanecia constante ao longo do tempo. Essa é uma suposição completamente arbitrária, sem nenhuma confir-

---

**13**  Colin Renfrew, *Before Civilization: The Radiocarbon Revolution and Prehistoric Europe*. London: Jonathan Cape, 1973, pp. 292 ss.

mação, que encontra poucos seguidores no mundo científico. Muitos não pensam assim e acreditam que, dada a variabilidade com que os raios cósmicos atingem a atmosfera, é impossível imaginar uma quantidade constante de C14.

Felizmente, mais uma vez as plantas vieram em nosso auxílio. Por meio da velha, boa e confiável dendrocronologia, elas são capazes de oferecer uma série cronológica de mais de 9 mil anos para calibrar a técnica do radiocarbono. O Laboratory of Tree-Ring Research ofereceu a Libby sua expertise e, sobretudo, a série cronológica ininterrupta do *Pinus longaeva* das montanhas Brancas como um modelo para detectar quaisquer desvios da norma de datação obtida com o C14. Trata-se de um sistema elegante e muito sólido, mas que, apesar disso, a princípio, não agradou a Libby. Por quê? Jamais saberemos ao certo, no entanto aposto que ter de experimentar a eficácia de seu sistema mediante comparação com algo tão antigo e simples como anéis de árvores deve ter lhe parecido uma abordagem não propriamente científica. Contudo, as críticas às primeiras datações se fortaleceram e a comunidade científica foi se convencendo de que assumir um nível estável de C14 na atmosfera era algo como um chute.

Libby precisava da confirmação de sua técnica e não havia outra forma de obtê-la senão pela dendrocronologia. Foi por essa razão que ele se convenceu e deu seu consentimento para que a série de 9 mil anos de anéis de crescimento de *Pinus longaeva* também fosse medida com a técnica C14. Os resultados confirmaram que a quantidade de C14 na atmosfera tinha variado ao longo do tempo e, consequentemente, os dados obtidos com o emprego do método de datação por radiocarbono deveriam ser corrigidos. E muito.

A curva obtida com base nos dados dendrocronológicos mostra dois tipos de variação em relação à linha reta: uma flutuação com um período de cerca de 9 mil anos e uma variação muito mais curta com um período de décadas.[14] A primeira provavelmente se deve à mudança na intensidade do campo magnético da Terra,[15] enquanto as variações mais curtas, às quais retornaremos em breve, são hoje conhecidas como o "efeito de Vries", que leva o nome de Hessel de Vries, um famigerado físico dinamarquês que, se não tivesse se suicidado em 1959 depois de matar uma analista com quem mantinha um relacionamento, teria boas chances de ganhar o Nobel com Libby em 1960.

Nos anos seguintes, foram descobertas muitas outras fontes de variação do C14 na atmosfera. Dentre elas, algumas derivam de atividades humanas recentes, como a queima de combustíveis fósseis (efeito Suess)[16] ou explosões atômicas, mas sua influência na datação de amostras antigas é nula. Ao contrário, as grandes variações do C14 na atmosfera, detectadas graças à dendrocronologia, foram extremamente relevantes. A partir do primeiro milênio antes de Cristo, a curva de calibração se precipita de forma bastante abrupta como consequência de concentrações superiores a C14 na atmosfera. O resultado é que uma data calculada com C14, mas não calibrada, por volta de 2400 a.C., tinha que ser corrigida para seiscentos anos antes, enquanto uma data calculada em torno de 3100 a.C. deveria sofrer uma correção para 1100 anos antes.

14    Hans E. Suess, "Bristlecone-Pine Calibration of the Radiocarbon Time-Scale 5200 B.C. to the Present", em Ingrid U. Olsson (org.), *Radiocarbon Variations and Absolute Chronology*. Proceedings of the 12th Nobel Symposium. Stockholm: Almqvist & Wicksell, 1970, pp. 303–13.

15    Václav Bucha, "Evidence for Changes in the Earth's Magnetic Field Intensity". *Philosophical Transactions Royal Society A*, v. 269, n. 1193, 1970, pp. 47–55.

16    Pieter P. Tans et al., "Natural Atmospheric $^{14}C$ Variation and the Suess Effect". *Nature*, v. 280, n. 5725, 1979, pp. 826–28.

O pobre Piggott tinha razão ao dizer que algo estava errado com as primeiras medições de Libby. O que ele não podia imaginar é que a correção anteciparia ainda mais a data calculada. Uma vez corrigida, com relação às estimativas iniciais de Libby, a datação dos artefatos neolíticos britânicos foi confirmada como anterior a mais mil anos. Uma verdadeira revolução para a arqueologia europeia.

Hoje a datação com C14 não tem mais segredos. Falta descobrir apenas as causas dessas pequenas flutuações, da ordem de décadas, o efeito Vries. Uma das explicações mais prováveis é que elas dependem justamente da variação da atividade solar. Maior atividade solar significa maior quantidade de radiação atingindo a Terra e, portanto, maior quantidade de C14 na atmosfera.

Douglass, o pai da dendrocronologia, pode descansar em paz. A atividade solar não afetava o clima, e sim a quantidade de C14. De todo modo, ele estava certo. Seriam encontrados traços disso nos anéis das árvores.

# 6

# CASCAS DE CONHECIMENTO

> Duas porcas robustas trotam atrás de uma carruagem e um grupo seleto de meia dúzia de porcos aprumados acaba de virar a esquina. Um porco solitário retorna em silêncio para casa. Ele tem uma única orelha; a outra deixou para os cachorros de rua em um de seus passeios pela cidade. Mas ela não lhe faz falta. Como um cavalheiro, ele leva uma vida errante e vagabunda, que, de certa forma, se assemelha à daqueles que frequentam clubes em nossa sociedade. Ele sai de seus aposentos todas as manhãs, joga-se pela cidade, atravessa o dia de uma maneira satisfatória para ele e, regularmente, retorna à casa à noite.

Esse relato foi feito pelo escritor inglês Charles Dickens em uma visita a Nova York em 1842. Andando pelas ruas da cidade, ele descreveu assim o que mais o impressionou:

> Eles nunca recebem cuidados, ou alimento, ou direção, ou amparo. São deixados à própria sorte desde a mais tenra idade [...]. Todo porco conhece o lugar onde vive melhor do que ninguém. Ao anoitecer, é possível vê-los às dezenas, atravessando-se uns aos outros, dirigindo-se para suas

camas [...]. Autocontrole e autoconfiança perfeitos e compostura inabalável são seus principais atributos.[1]

Não se trata de invenção literária de um grande escritor. Por mais inverossímil ou bizarra que possa parecer aos nossos olhos, a cena descrita é absolutamente verdadeira e inclui entre suas causas... as bananas. Refiro-me ao fruto, não à planta de onde vem, a bananeira, mas apenas a sua parte mais externa, a casca da banana. A parte mais humilde de toda a fruta. O descarte.

Vocês não imaginam quantas histórias encantadoras podem ser contadas sobre esse simples resíduo. Desde que comecei a me interessar por elas, descobri dezenas. Começando pela que explica por que "escorregar em uma casca de banana" se tornou sinônimo, em muitas línguas do mundo, de se arruinar por uma bagatela. Por que justo a casca da banana, e não a de outra fruta? As cascas de laranja, melancia, melão, pêssego, para citar apenas as primeiras que me vêm à mente, não parecem menos escorregadias que a da banana. No entanto, em todos os lugares, fala-se apenas de cascas de banana. Ela é a única que tem a honra de ser mencionada em uma expressão idiomática. As cascas, com efeito, são utilizadas em muitas frases: "deixou só a casca", "guarda até a casca", "come até casca", "casca-grossa", "esse cara é casca" são apenas algumas expressões idiomáticas. Mas a única fruta cuja casca tem uma expressão exclusiva é a banana.

A questão aparentemente irrelevante começou a me interessar na primavera de 2014, durante uma de minhas muitas visitas ao laboratório em Kitakyushu, na ilha do sul do Japão. Nessas ocasiões, meu parco conhecimento da língua

---

**1** Charles Dickens, *American Notes for General Circulation*. New York: Random House, 1967.

japonesa – na verdade, minha ignorância absoluta –, combinado com a indisposição natural de meus alunos para falar com alguém mais velho e hierarquicamente superior a eles, limitou minha vida social a pouquíssimas interações, principalmente de caráter científico com colegas. Isso me incomodou muito. Tenho grande admiração pela cultura japonesa e tentar entender os motivos desse fascínio sem poder falar com os sujeitos diretamente envolvidos é, como vocês podem imaginar, uma limitação enorme. Em todo caso, não há muito o que fazer. Mesmo que eu aprendesse japonês perfeitamente, duvido que entenderia muito mais sobre ela. Na condição de estrangeiro, os objetos e os conceitos aos quais tenho acesso são escassos e superficiais.

Isso seria insuportável se não fosse pelo meu querido amigo e colega Tomonori, que, inconscientemente, graças à sua simpatia e por meio de muitas discussões, continua a ser a minha principal porta de entrada para essa civilização misteriosa e distante. Tomonori, Tom como eu o chamo, é um japonês completamente anômalo. Poderíamos defini-lo como um mutante. Por exemplo, ele é o único japonês que conheço que consegue dizer, sem parecer desajeitado: "Bom, já é tarde! Vamos tomar uma?". Enunciada por qualquer outro japonês, essa frase soaria sem cabimento ou fora do lugar ou, na melhor das hipóteses, esquisita. Embora muitas pessoas tentem, o efeito é sempre contrário ao sentido amistoso do convite. É como se o fizessem a contragosto. É um pouco como quando nós, ocidentais, tentamos imitar suas reverências. Não conseguimos. Eles riem de nós. Como diz Tom: "Deixa pra lá a reverência, não é para você". Tom, como eu disse, é uma mutação. É natural para ele *tomar uma*. Que grata oportunidade foi poder me tornar amigo dele! Quer dizer, quantos japoneses mutantes deve haver? Nunca conheci ninguém além de Tom. Até onde eu sei, ele é o único. E foi somente em razão dos nossos bate-papos que tive a chance, ao longo dos anos, de entender um pouco desse povo.

Uma noite, Tom me ligou para irmos *tomar uma*. *Tomar uma* significa essencialmente sair do laboratório no final do dia e passar no seu boteco preferido – eu não saberia definir de outro modo aquele local pequeno e escuro aonde vamos tomar cerveja e comer aquelas microporções de comidinhas japonesas. O interessante dessas noites é que normalmente, depois das primeiras cervejas, sempre surge algum tema de conversa sobre coisas, conceitos, clichês, que para nós, ocidentais, parecem óbvios e que para os japoneses, pelo contrário, não fazem o menor sentido. Ou vice-versa. Naquela noite, foi a casca de banana. Usando uma expressão idiomática conhecida, eu estava dizendo que alguém, eu acho que um político, tinha "escorregado em uma casca de banana" quando Tom ergueu os olhos da cerveja, olhou para mim sorrindo e perguntou: "E ele se machucou?". "Se ele se machucou?", perguntei. "O que você está dizendo? Ele não caiu realmente, é uma metáfora".

Foi então que aprendi que, para Tom – não me arrisco a dizer para todos os japoneses –, "escorregar em uma casca de banana" tinha apenas o significado literal e era uma expressão desprovida de qualquer sentido metafórico. Isso me surpreendeu e marcou o início de uma longa e divertida discussão sobre por que tantos outros lugares do mundo a adotaram. Nessas conversas de bar entre mim e Tom, a regra não dita é que cada um deve sustentar o ponto que lhe parece mais forte para desmontar a lógica do oponente. E isso segue adiante por várias noites regada a cerveja, até que um de nós chega a uma evidência irrefutável a favor de sua posição.

Desde o início, o ponto de Tom era: "Por que a casca de banana, e não a casca de qualquer outra fruta? A banana é tão mais escorregadia assim?". Esqueci de dizer uma coisa. Tom é um químico extraordinário e, portanto, tende a fundamentar todas as suas conversas de bar em dados incontestáveis sobre a natureza dos materiais. Para ser claro, nesta história da casca de banana, ele não aceitaria a explicação da expressão enquanto eu não demonstrasse a maior probabilidade de escorregamento da casca de banana.

A sensatez das observações de Tom logo me colocou em grande dificuldade. Onde diabos eu poderia encontrar dados confiáveis sobre a probabilidade de escorregamento das cascas de banana em comparação com a de outras frutas? Na falta desses dados, qualquer evidência que eu utilizasse para apoiar minha posição teria como único resultado deixar Tom cada vez mais exultante. Aquilo o estava divertindo mais do que qualquer outra conversa de bar que ele já tinha tido antes. Achando que defendia uma posição muito sólida, ele me deixou falar por horas sobre bananas, seu valor nutricional e social, o uso alternativo que poderia ser imaginado para o lixo, o funcionamento da partenocarpia,[2] mas qualquer informação que eu apresentava, por mais interessante que fosse, não fazia avançar um milímetro a explicação do motivo de as cascas de banana serem consideradas *non plus ultra* em matéria de escorregamento.

No final das minhas digressões, Tom apenas me olhava inocentemente e me perguntava: "E daí?". Eu estava tão furioso que, para tirar aquele sorrisinho da cara dele, comecei a ler qualquer informação sobre cascas de banana, na esperança de encontrar algum ponto de apoio para ajudar a reverter a discussão a meu favor. Mesmo se não fosse por isso, teria valido a pena do mesmo jeito e o que se segue são apenas algumas das coisas que aprendi.

---

2   A partenocarpia diz respeito à produção de uma fruta sem a fertilização dos óvulos contidos no ovário; os frutos partenocárpicos são apirênicos, isto é, não têm sementes, assim como as bananas hoje comumente consumidas.

Em primeiro lugar, apesar de minhas digressões iniciais limitarem a discussão apenas à casca, é preciso resumir rapidamente algumas noções básicas sobre a bananeira, sua história e sobre seu fruto, do qual provém a extraordinária casca. Assim, o nome "banana" define inúmeras espécies pertencentes ao gênero Musa.[3] Das setenta espécies que o formam, quase todas são capazes de produzir frutos comestíveis. No entanto, quase todas as bananas sem sementes (partenocárpicas) que consumimos vêm de apenas duas espécies selvagens: *Musa acuminata* e *Musa balbisiana*, ambas descritas pela primeira vez, em 1820, pelo advogado de Turim Luigi Colla (1766–1848).[4] A bananeira não é uma árvore, como pode parecer, e sim uma planta herbácea gigantesca capaz de produzir frutos (isto é, bananas) que estão entre os primeiros frutos cultivados e colhidos pelo homem. Tanto é verdade que em muitas tradições orientais é a banana, e não a maçã ou o figo, o verdadeiro fruto da árvore do conhecimento. Árvore do conhecimento ou não, a bananeira é certamente uma das plantas que mais cedo se habituaram ao ser humano.

Os primeiros vestígios do seu cultivo remontam ao Sudeste Asiático e à Papua-Nova Guiné, onde os resultados de pesquisas arqueológicas e paleoambientais recentes parecem sugerir que o cultivo da banana data de 8000 a.C.[5] Tal como acontece com muitas outras plantas importantes para a nutrição humana,

---

**3**  O gênero Musa foi assim batizado por Lineu em 1753, em homenagem a Antonius Musa, botânico e médico romano que viveu durante o reinado de Augusto e ficou famoso por ter salvado a vida do imperador de uma misteriosa doença.

**4**  Luigi Colla, *Memoria sul genere Musa e monografia del medesimo*. Torino: Memorie dell'Accademia Reale delle Scienze di Torino, 1820.

**5**  Tim Denham et al., "Origins of Agriculture at Kuk Swamp in the Highlands of New Guinea". *Science*, v. 301, n. 5630, Washington, 2003, pp. 189–93.

esta não deve ser considerada a origem única do cultivo. Espécies diferentes provavelmente foram domesticadas de forma independente em outras regiões do Sudeste Asiático.

Bem, agora que já sabemos o básico, vamos ver se conseguimos descobrir por que as cascas de banana se tornaram tão populares. Sua história está intimamente ligada à história do comércio na América do Norte na segunda metade do século XIX. Naquela época, em uma cidade como Nova York, poucas pessoas podiam se dar ao luxo de comprar banana. Seu custo era tão alto que poderia ser comparado ao do caviar. Portanto, essa fruta representava uma espécie de símbolo de status a ser exibido nas noites de gala ou para impressionar os amigos. As razões não são difíceis de entender. Levar bananas a Nova York em meados do século XIX sem que fossem completamente transformadas em uma papa fedorenta não era nada fácil. A rede ferroviária do continente ainda era um sonho e o único meio de transporte eficiente para garantir uma chance mínima de sucesso eram os veleiros, que, embora rápidos, levavam três semanas para fazer a viagem entre a Jamaica e Nova York. Não era muito, mas também não era pouco – o bastante para garantir um abastecimento consistente de bananas no estágio certo de maturação, capaz de satisfazer o fino mercado nova-iorquino.

Então tudo mudou. Em parte pelo desenvolvimento dos navios a vapor, que substituíram rapidamente as antigas escunas a vela, em parte pela intuição da Boston Fruit Company de coletar os cachos de bananas ainda verdes e enviá-los para células refrigeradas especiais, primeiro com gelo, depois com sistemas cada vez mais sofisticados, de modo que elas terminavam de amadurecer nos mercados para onde eram destinadas. Em pouco tempo, multiplicou-se o número de bananas que chegava ao mercado norte-americano em perfeitas condições, o que levou a uma redução proporcional do seu preço. Após séculos sendo uma iguaria dos abastados, em poucos anos a banana transformou-se em comida de rua. Foi nesse período que teve início a fortuna da banana, a fruta mais consumida hoje nos Estados Unidos e o quarto alimento mais consumido no mundo, depois do arroz, do trigo e do milho.

No final do século XIX, em Nova York, as bananas eram vendidas nas esquinas das principais ruas a preços tão baixos que se tornaram um alimento popular. A Boston Fruit Company (mais tarde chamada de United Fruit Company e, finalmente, Chiquita) inunda as cidades da América do Norte com excelentes bananas e todos, industriais, comerciantes e consumidores, ficam felizes. Para todo mundo, com exceção dos produtores, ou seja, os agricultores, cuja vergonhosa exploração nunca cessou desde que o fruto chegou à América trazido pelos espanhóis, a comercialização da banana passou a ser um ótimo negócio.

Porém, se, por um lado, o consumo crescente da banana melhorou a alimentação de uma população acostumada a outros alimentos de baixo custo, por outro, levantou o problema de como eliminar a quantidade crescente de resíduos produzidos por esse consumo. Em menos de uma geração, as cascas de banana se tornaram um dos resíduos mais comuns nas ruas de Nova York. Não que o problema fosse a banana, é claro. A Nova York do final do século XIX não se destaca pela limpeza nem pela ordem de suas ruas. Longe disso. Na prática, as cascas eram simplesmente jogadas na rua. Nenhum programa de saneamento urbano; nenhum sistema de coleta de lixo, que formava nas ruas pilhas tão grandes que chegavam a impedir a passagem. Os jornais da época falam de desvios contínuos no tráfego pela simples necessidade de contornar vias intransitáveis em decorrência da quantidade de lixo. Bairros inteiros, em virtude de suas condições higiênicas, foram considerados *off-limits*. Os Five Points de Manhattan, por exemplo, durante décadas um exemplo insuperável de favela ocidental, eram considerados infrequentáveis, não apenas em razão da criminalidade, típica das favelas urbanas, mas também pelas condições higiênicas desastrosas que causavam epidemias contínuas e altíssima mortalidade infantil.[6]

E em todo caso, mesmo fora das favelas, toda a cidade era assolada pelo lixo. Era, portanto, um problema que precisava ser resolvido de alguma forma. O que fazer? Uma das soluções concebidas pela prefeitura de Nova York demonstra, em sua simplicidade, toda a genialidade prática dos americanos. O que se faz com os resíduos nas fazendas? Simples: são dados aos porcos. Então, por que não fazer o mesmo na cidade? Dito e feito. Dezenas de milhares de porcos foram transportados do campo para a cidade, confiados a famílias, protegidos e deixados livres para circular pelas ruas de Nova York ao bel-prazer para se alimentar do lixo da cidade. Hoje pareceria uma solução desesperada, mas pensemos nos gritantes aspectos práticos da questão: a remoção da maior parte do lixo e sua transformação em carne suína de qualidade.

Se não fosse por alguns aspectos, digamos, relacionados ao decoro, aos quais voltarei em breve, a solução gerou resultados excepcionais. Não só o lixo nas ruas de Nova York diminuiu drasticamente, como também, ao mesmo tempo, milhares de famílias indigentes passaram a ter à disposição uma fonte de alimento de alto valor nutricional. Imagine se hoje, em uma era dedicada à reciclagem e à economia circular, alguém inventasse uma máquina que pudesse fazer apenas uma parte do que um porco é capaz de fazer. Claro, do outro lado da moeda, havia muitos porcos descontrolados. Isso

---

**6** Tyler Anbinder, *Five Points: The 19th-Century New York City Neighborhood that Invented Tap Dance, Stole Elections, and Became the World's Most Notorious Slum*. New York: The Free Press, 2001.

explica o relato de Charles Dickens! Porém, os porcos, embora sejam pouco educados, executam um ótimo trabalho. Aqueles que não os suportam os chamam de "esgotos ambulantes", mas para todas as outras pessoas são uma verdadeira salvação.

É evidente que isso não poderia durar muito. Apesar da eficiência dos porcos na limpeza da cidade, os problemas não demoraram a aparecer. Eles eram acusados de atacar crianças, defecar sobre as pessoas e espalhar doenças terríveis, como o cólera. Problemas sérios, é evidente, mas não insolúveis. Não foi essa a gota d'água. Os nova-iorquinos do sexo masculino não suportavam assistir ao acasalamento dos porcos na rua. Eles temiam que esse aspecto lascivo da índole do animal induzisse suas esposas e filhas bem-comportadas a se tornarem indulgentes em relação aos prazeres da carne. Obviamente, a coisa não era tolerável. O destino dos porcos estava selado e, em poucos anos, eles seriam banidos. Nova York se livrou dos porcos, mas se viu novamente tomada pelo lixo. E pelas cascas de banana.

A quantidade de cascas na rua era tão grande que o número de acidentes por quedas, escorregões e deslizamentos acabou por ser considerado um caso de emergência na cidade. Os jornais da época estão repletos de notícias de quedas desastrosas com consequências graves de vários tipos: entorses, fraturas e, nos casos mais infelizes, até morte. São dessa época as primeiras *gags* nos cabarés e depois nos primeiros filmes mudos. Desastrosos escorregões em cascas de banana tornam--se arte sublime primeiro com Charlie Chaplin, que leva a *gag* para o cinema, e, em seguida, com Buster Keaton e outros mais.

As pessoas riam das cascas de banana, mas também se machucavam muito. O número de acidentes elevou-se ao ponto de serem necessárias medidas excepcionais. Em 9 de fevereiro de 1896, Theodore Roosevelt, na época chefe da polícia de Nova York, na tentativa de impedir o altíssimo número de acidentes que afligiam cotidianamente seus habitantes, emitiu uma portaria pela qual os consumidores ficavam proibidos de jogar casca de banana na rua e os vendedores eram obrigados a imprimir e afixar o decreto em seus estabelecimentos à vista de todos. Os infratores estavam sujeitos a multas de até dez dólares e prisão nos casos mais graves. Não parou por aí. Para tornar mais eficaz o cumprimento da portaria e erradicar definitivamente o problema, Roosevelt concedeu plenos poderes sobre a limpeza das ruas a um ex-coronel da Guerra Civil: George Waring. Antigo oficial da velha guarda, ele já gozava de credibilidade por ter modernizado o sistema de esgoto de Memphis. Waring, cuja intervenção em Memphis havia colocado fim a uma era de epidemias contínuas, parecia a pessoa certa para eliminar o lixo de Nova York, incluindo as cascas de banana. O coronel não hesitou e logo transformou os funcionários da limpeza da cidade em uma verdadeira milícia, munida de um uniforme impecavelmente branco, sujeita a uma férrea disciplina militar. A operação teve os efeitos desejados, e Nova York finalmente se viu livre dos porcos, do lixo, do mau cheiro e das cascas de banana.

Nova York conseguiu resolver seus problemas com as cascas de banana e tudo o que se seguiu, mas ainda restava saber por que a casca de banana e não a de outras frutas havia se tornado protagonista de milhares de piadas, a ponto de ser vista como sinônimo de escorregão. Enfim, a pergunta de Tom ainda não tinha resposta: por que a casca de banana, e não a de melancia ou de laranja?

Eu estava estacionado no ponto de partida. Apesar de semanas de discussão e dados sobre a história da banana e sua casca, eu ainda não havia dado um único passo à frente para explicar sua textura escorregadia. Tom continuou a me ouvir em silêncio durante nossas cervejas, enquanto eu lhe contava sobre a evolução das práticas de higiene em Nova York para, em seguida, olhar-me com seu sorrisinho de superioridade e então murmurar: "E daí?". Aquilo estava se tornando uma obsessão. Eu havia aprendido muito sobre cascas de banana, contudo nada sobre a sua textura escorregadia. Sobre isso eu sabia exatamente tanto quanto antes. A dificuldade residia no fato de não haver dados sobre a textura escorregadia das bananas e eu tinha certeza de que, enquanto eu não apresentasse números, Tom seguiria me oferecendo doses regulares do seu irritante: "E daí?".

Recusando-me a me dar por vencido, decidi que eu mesmo iria medir o grau de escorregamento das cascas de banana. Em Kitakyushu, havia um laboratório equipado com todos os instrumentos possíveis e muitos colaboradores capazes de imaginar a solução para os mais inusitados problemas relacionados ao mundo das plantas. Afinal, pensei, as cascas de banana são um material vegetal. Conhecer algum dado físico-químico a mais sobre sua composição não fará mal nenhum. Então, um dia reuni toda a equipe no laboratório e expus o problema: "Algum de vocês imagina um teste para medir o grau de escorregamento de uma casca de banana?". Eles me fizeram repetir a pergunta algumas vezes, pensando não ter entendido. Ou que fosse uma piada. Eu os tranquilizei com relação à minha saúde mental e a necessidade de dados mensuráveis sobre o grau de escorregamento das cascas de banana.

Abro um parêntese: uma coisa que adoro nos meus colaboradores japoneses é que você não precisa passar horas tentando convencê-los do motivo pelo qual algo deve ser feito. Em Florença, por exemplo, se eu perguntar a um de meus pesquisadores "você poderia fazer a medição disso para mim?", tenho que estar sempre pronto para explicar as razões do pedido, os motivos científicos ou pessoais de ter escolhido aquela medida em particular em vez de outras possíveis. Acreditem, às vezes, isso é muito cansativo. Claro que assumo a culpa, não devo reclamar. Sou eu que, quando eles começam a

**138**

trabalhar comigo, exorto-os a sempre se perguntarem por que as coisas estão acontecendo de uma maneira e não de outra e a não considerarem nada como dado. Às vezes, porém, penso que nunca deveria ter feito isso, pois a sensação é de que montei um laboratório de sofistas estudando plantas. Tudo isso para dizer que, se eu tivesse solicitado o teste da casca de banana em Florença, não teria passado ileso.

Mas, felizmente, eu estava no Japão. A equipe me tranquilizou. Em uma semana teríamos todos os dados que eu queria. O laboratório logo entrou em ebulição. Alguns estudavam a literatura existente sobre cascas de banana, outros sobre medições a respeito do grau de deslizamento, um terceiro grupo visitou um laboratório na escola de engenharia próxima, onde um centro de pesquisa de motores estava conduzindo estudos sobre lubrificantes. No laboratório, foram realizadas discussões com especialistas de diversos assuntos, surgiram novas ferramentas e bananas de diferentes formas e graus de maturação. Enfim, a eficiência japonesa de sempre em ação. A diligência de meus colaboradores me deixou de bom humor. Eu tinha certeza de que, em pouco tempo, arrancaria aquele sorriso obstinado da cara do Tom.

Como eu estava enganado! Os dias se sucediam e nem sombra de resultados. A exultação inicial foi seguida de caras abatidas e, no final, a desistência. Sim, meus colaboradores jogaram a toalha, admitindo que não tinham sido capazes de produzir dados significativos. Ora, eu sei o que muitos de vocês estão pensando, especialmente físicos e engenheiros (eu os juntei de propósito para deixá-los com raiva). Qual é a dificuldade de medir o grau de deslizamento de uma casca de banana? Não quero me alongar sobre isso, digo apenas: tentem e depois me contem.

Em pouco tempo o laboratório voltou às atividades habituais, e eu fui ignominiosamente abandonado à minha obses-

**139**

são solitária pelas cascas de banana. Fiquei muito abatido. O sorrisinho malicioso de Tom me atormentava. Até pensei que o pessoal do laboratório estivesse em conluio com ele para não me passar os dados que eu desejava. Era o que passava pela minha cabeça quando um milagre aconteceu. Um daqueles eventos grandiosos que fazem com que nos reconciliemos com a divindade. Tentando me distrair da obsessão amarela, comecei a folhear uma revista científica que acabara de chegar e que tinha uma matéria sobre o Ig Nobel[7] daquele ano; é sempre muito engraçado o que se escreve sobre esse prêmio e me diverti lendo os temas das diferentes disciplinas, quando, chegando ao Ig Nobel de Física, a revista quase caiu da minha mão; o Ig Nobel de Física de 2014 havia sido concedido aos pesquisadores japoneses, os queridos Kiyoshi Mabuchi, Kensei Tanaka, Daichi Uchijima e Rina Sakai, da Universidade Kitasato, *por medirem o atrito entre um sapato e uma casca de banana e entre uma casca de banana e o chão, quando uma pessoa pisa em uma casca de banana caída no chão!*

Reli o artigo várias vezes. Eu não queria acreditar. Era algo realmente do outro mundo. Os japoneses haviam medido exatamente quão escorregadia é a casca de banana. Sensacional! Como eu amava aquele povo! O artigo em questão fora publicado em uma revista totalmente desconhecida, pelo menos para mim, intitulada *Tribology Online*.[8] Uma revista da qual eu nunca tinha ouvido falar e cujo título eu também não entendi.

---

**7**   O prêmio Ig Nobel, cujo nome é um jogo de palavras entre "prêmio Nobel" e "ignóbil", é concedido anualmente para pesquisas "estranhas, engraçadas e até absurdas", que "primeiro fazem você rir e depois fazem você pensar". O objetivo é "premiar o insólito, o imaginativo e estimular o interesse do público geral pela ciência, pela medicina e pela tecnologia".

**8**   Kiyoshi Mabuchi et al., "Frictional Coefficient under Banana Skin". *Tribology Online*, v. 7, n. 3, Tokyo, 2012, pp. 147–51.

Você acredita que existe toda uma ciência, justamente a tribologia, que estuda o potencial de escorregamento das coisas? Que sensação maravilhosa. Após semanas de tribulação, a tribologia me oferecia a possibilidade de uma revanche.

Minucioso, o artigo fornecia todas as informações das quais eu, durante semanas, não havia conseguido encontrar nenhum sinal. Mas, por fim, eu sabia o quão escorregadia é uma casca de banana. O coeficiente de atrito de uma sola de sapato normal em um linóleo é 0,412, enquanto o de uma casca de banana é seis vezes menor, igual a 0,066. Além disso, o artigo forneceu dados sobre o coeficiente de atrito da casca de maçã (0,12), da casca de laranja (0,22) e de outros pares de materiais escorregadios muito interessantes. Então descobri que o coeficiente de atrito dos esquis na neve, de cerca de 0,04, era ligeiramente menor do que o de uma casca de banana e que o incrível escorregamento do gelo sobre o gelo apresentava um coeficiente de atrito correspondente a menos da metade daquele da casca de banana (mais ou menos 0,025). Resumindo, afinal eu sabia tudo sobre o potencial de escorregamento da casca de banana e em que medida ela era mais escorregadia do que as cascas das outras frutas.

O primeiro impulso foi correr para a sala do Tom, ao lado da minha, e jogar os dados que acabara de encontrar em cima da mesa dele. Mas me segurei. Semanas de sorrisinhos humilhantes tinham que encontrar a satisfação adequada em uma discussão final memorável. Cheguei à sala do Tom e perguntei casualmente se ele tinha planos para a noite. Ele mordeu a isca. Encarou-me com um olhar insólito que deveria me deixar desconfiado e disse sorrindo: "Você está a fim de tomar uma? Adoro falar de cascas de banana". Confirmei que eu também adorava.

Eu não cabia em mim. Imprimi uma cópia da magnífica publicação que apareceu no *Tribology Online* e, bem antes do horário combinado, fui para o bar a fim de pegar nossa mesa favorita. Na hora exata, Tom apareceu com a sua mochila de sempre cheia de artigos científicos. Acomodou-a no chão ao lado dele e, descuidadamente, puxou um pacote de publicações em japonês, que colocou sobre a mesa e ao qual não dei importância. Pedimos nossas cervejas costumeiras e começamos a conversar sobre isso e aquilo. Não queria ser eu a entrar no assunto. Eu estava esperando que ele viesse com o assunto da casca de banana para enfim poder aniquilá-lo sob a massa de dados tribológicos.

Não tive que esperar muito. Tom também parecia ansioso para retomar a discussão: "E como está indo sua pesquisa sobre cascas de banana? Você parece ter tido alguma dificuldade em medir o grau de escorregamento". Ele devia ter ouvido falar das tentativas no laboratório, e isso o deixou muito satisfeito. Muito bem! A diversão acabaria muito em breve. Sem me preocupar em responder às insinuações de Tom sobre a capacidade do meu laboratório, comecei a despejar os dados sobre a metodologia, o coeficiente de atrito das cascas de bananas e tudo o que havia aprendido sobre o fascinante universo da tribologia, certo de que com isso seu sorriso desapareceria. Em vez disso... quanto mais a minha narrativa progredia, mais o sorriso de Tom aumentava e parecia não ter fim. Quando citei o valor de 0,066 para o coeficiente de atrito das cascas de banana, ele não resistiu mais e caiu na gargalhada. Uma daquelas risadas intermináveis que deixam a gente sem fôlego e logo se tornam contagiosas. Eu não resisti e, como todos os outros frequentadores do boteco, comecei a rir com ele sem me conter. Nunca perca a oportunidade de dar uma boa risada.

Quando finalmente nos acalmamos e após terminar a sequência de brindes com os outros clientes que a risada coletiva havia provocado, Tom decidiu me contar o motivo de tanta hilaridade. Retirando da pilha de artigos que depositara sobre a mesa aquele sobre cascas de banana publicado no *Tribology Online* de Mabuchi e colegas, ele me confessou que conhecia aquele trabalho desde a sua publicação e que, entre seus muitos interesses relacionados à qualidade dos materiais, certamente não faltava, é claro, a tribologia, da qual era um admirador apaixonado. Resumindo, ele me confessou que tinha os dados em mãos desde o começo, mas não queria dar o braço a torcer e tinha certeza de que eu nunca leria aquela pesquisa publicada pela desconhecida Sociedade Japonesa de Tribologistas. Ninguém poderia prever que o Ig Nobel de Física de 2014 daria reconhecimento esse trabalho, tornando-o famoso. "Azar", declarou com descaso.

Tom bebeu um gole de cerveja e ainda não tinha parado de sorrir com a pegadinha que aplicara em mim, quando, ao se levantar para ir ao banheiro, o baixo coeficiente de atrito entre suas leves meias de algodão e o piso de madeira causou uma queda violenta e dolorosa, de bunda, no estilo Buster Keaton. Eu me contive para não cair na gargalhada e lhe dei a mão para ajudá-lo a ficar de pé. Ele ficou sério. Perguntei se era por causa do tombo. "Em parte", respondeu ele, "e em parte porque nesta queda vejo um nítido sinal divino." Eu olhei para Tom para ver se ele estava brincando. Mas ele estava muito sério: "Qual é a probabilidade de você descobrir um artigo desconhecido publicado por uma sociedade científica japonesa ainda mais desconhecida de uma disciplina científica que você nem sabia que existia? Pense bem. Uma em quantos bilhões? Dez, cem?". Arrisquei uma tentativa, recorrendo ao acaso, à coincidência, ao azar. Tom, porém, não queria saber. "Não! É uma intervenção divina, estou lhe dizendo. Não há outra explicação. Foi por isso que você descobriu o artigo e foi igualmente a intervenção divina que me fez escorregar na sua frente para me punir pelo meu comportamento." Eu não disse mais nada. A explicação

**143**

também me satisfez e, pela primeira vez, concordamos em tudo. A tribologia dá, pensei, a tribologia tira.

O desafio da probabilidade de escorregamento, além de ter me proporcionado o conhecimento do coeficiente de atrito entre a casca, a sola e o linóleo e uma série de outras informações interessantes que enriqueceram minha já enorme bagagem de conhecimentos inúteis, deixou-me uma espécie de ensinamento zen. Se meses de estudo não bastam para dominar as informações mais triviais sobre algo tão marginal como uma casca de banana, que chance nós temos de entender o mundo em que vivemos? O fato de não termos nenhuma me encheu de alegria. Na verdade, nada me preocupa mais do que aquelas declarações periódicas em que, em rompantes de soberba, alguém diz que já sabemos tudo sobre alguma coisa. Quando ouço que estamos diante do fim da arte, do fim da música, do fim da física, meu estômago se contrai de inquietação. Por dois motivos: por um lado, a vaidade humana nunca cessa de me preocupar e isso, digamos, é o lado ético da questão. Mas há um aspecto mais autenticamente egoísta. Quando afirmamos saber tudo sobre alguma coisa, minha primeira reação é sempre de perda. Imagine se realmente soubéssemos tudo sobre física. De repente, não haveria mais a necessidade de físicos, não leríamos mais sobre complicadas teorias multiuniversais de partículas, buracos negros, entrelaçamento. A própria física desapareceria, tornando-se um mero selo pertencente à coleção do conhecimento.

Vocês podem imaginar como seria chato viver em um mundo onde sabemos tudo? Bem, não vamos nos deixar abater. Felizmente isso não deve acontecer tão cedo e nosso conhecimento sobre cascas de banana é uma demonstração clara disso. Não estou dizendo que é necessário saber o coeficiente de atrito – isso é coisa para fanáticos, admito –, mas pelo menos saber descascar uma banana, isso, vocês vão concordar, deveria ser de conhecimento de todos. No final das contas, estamos falando sobre o quarto alimento mais consumido no mundo! Essa noção, contudo, parece ser completamente desconhecida. Todos nós pegamos a banana pondo a força sobre o talo para, em seguida, retirar a casca. Errado. O sistema correto, muito mais eficiente e com menos desperdício de energia, é exatamente o oposto. As cascas de banana partem do polo oposto ao do talo. Basta apertar a ponta da banana oposta ao talo, com o polegar e o indicador, e a casca, como em um passe de mágica, divide-se em duas metades que podem ser comodamente removidas.

É o sistema usado pelos chimpanzés. Tentem assistir a alguns documentários. Eles nunca descascariam uma banana com o nosso sistema. Não é eficiente. E se nem sabemos tirar a casca da banana corretamente, qual será o nosso nível de conhecimento do resto? Quase zero, aposto. Portanto, permitam-me apresentar duas outras informações sobre a casca de banana que me parecem decisivas e que espero possam despertar algum interesse, mesmo nos leitores mais refratários. Primeiro, as bananas, incluindo a casca, são ligeiramente radioativas. Por essa você não esperava, não é? Na verdade, isso não é uma grande novidade. Qualquer objeto na Terra que contenha potássio, incluindo humanos, animais e plantas, emite uma radioatividade mínima, precisamente 31 becquerel/grama (o que significa 31 átomos de potássio por grama a cada segundo).[9] Isso se deve ao fato de a mistura isotópica de potássio conter 0,0117% de potássio-40, um isótopo instável com meia-vida de aproximadamente 1,3 bilhão de anos.

O que torna a banana particularmente interessante desse ponto de vista é sua famosa abundância de potássio, cerca

---

**9**  Supian Bin Samat et al., "The $^{40}$K Activity of One Gram of Potassium". *Physics in Medicine and Biology*, v. 42, n. 2, Bristol, 1997, p. 407.

de meio grama por fruta. Foi essa alta quantidade de potássio que, em 1995, levou alguns cientistas a usar o "equivalente de dose de banana" (*bed, banana dose equivalent*, em inglês) para explicar que a radioatividade faz parte do nosso ambiente (obviamente em doses mínimas), e isso nem sempre deve nos assustar.

Trata-se de uma medida informal e não científica, com a qual, é óbvio, qualquer equivalência deve ser vista como necessariamente imprecisa, mas cuja utilidade é inegável quando, por exemplo, deve-se informar o público sobre os riscos relacionados à radiação. Assim, uma vez que a dose de radiação absorvida é medida em Sievert (sv), uma banana vale um décimo de milionésimo de um sv, ou 0,1 μ sv. A radiação de fundo à qual todos estamos sujeitos é de aproximadamente 0,35 μ sv por hora – portanto, 3,5 bananas. Procedendo dessa forma, podemos dizer que uma hora de voo em um avião em grande altitude equivale a cinquenta bananas; dormir ao lado de alguém, meia banana; uma radiografia do braço, cerca de dez bananas; enquanto a exposição de uma hora às piores condições às quais os primeiros socorristas foram submetidos após o desastre de Chernobyl equivaleria a centenas de milhões de bananas.

Mas elas não são apenas moderadamente radioativas. Nossas cascas de banana têm outra característica extraordinária. São fluorescentes quando expostas a raios ultravioleta. Isso significa que, se as observássemos com uma câmera capaz de detectar o raio ultravioleta, as bananas brilhariam de maneira irresistível. Nem todas, apenas as maduras. A fluorescência, na verdade, resulta de um composto produzido depois da degradação da clorofila. Em outras palavras, uma banana verde não fica fluorescente, ao passo que uma madura brilha como um fogo de artifício. Para muitos animais, capazes de ver o espectro ultravioleta, essa fluorescência é uma ótima notícia. Encontrar uma banana que brilhe significa, com certeza, encontrar uma banana madura. Trata-se de um sistema de alerta extremamente eficiente para os animais,[10] que, ao comerem os frutos, participam da dispersão das sementes. Desse modo, a planta evita que os animais se alimentem de bananas cujas sementes ainda não estão prontas para serem espalhadas, direcionando o interesse para as maduras, prontas para serem consumidas.

É bom lembrar que estamos falando de bananas não cultivadas, ou seja, plantas que mantêm intacta sua capacidade de se reproduzir e se dispersar. Como se sabe, a ausência de sementes na banana que comemos, muito solicitada por nós consumidores, impede que as plantas cultivadas se reproduzam de forma autônoma. Para elas, a única possibilidade de reprodução é por meio da multiplicação vegetativa operada pelo ser humano. Então, se um dia você tiver uma câmera ultravioleta disponível e houver bananas maduras em sua mesa, verificar se elas são fluorescentes será completamente inútil: elas já não têm mais sementes maduras. Você estará olhando para os vestígios de um passado feliz, quando elas ainda eram seres vivos livres, dignos e em evolução. Enfim, antes de nós, humanos, transformá-las em um meio de produção comum. E foram sempre os seres humanos que morderam a isca de histórias como a que estou prestes a contar e que, mais uma vez, envolve uma banana.

Parece incrível e, no entanto, graças a uma piada inteligente e espirituosa, o nosso relato se transformou em algo novo e inesperado com as simples, doces e amarelas bananas. Mas durou pouco. Estamos em 1967, quando, durante alguns

---

**10**  Simone Moser et al., "Blue Luminescence of Ripening Bananas". *Angewandte Chemie International Edition*, v. 47, n. 46, Weinheim, 2008, pp. 8 954–57.

meses, uma notícia falsa – hoje chamaríamos de embuste – convenceu muitas pessoas em todo o mundo a fumar cascas de banana desidratadas com a certeza de que fariam "viagens" alucinógenas memoráveis de forma lícita e barata. Acreditamos que as notícias falsas são uma especialidade dos nossos dias, em função do enorme poder que a internet concedeu a todos nós para escrever qualquer idiotice que passe pela nossa cabeça, encontrando sempre um público disposto a nos ouvir. Mas a verdade é que as notícias falsas sempre fizeram parte da comunicação humana. Poderíamos dizer que elas são inatas aos humanos. Hoje, o poder da internet e as novas tecnologias de comunicação precisam de muito pouco para nos fazer acreditar que a Terra é plana ou que os vestígios de fumaça das aeronaves representam um sistema inventado pela CIA para mudar o clima do planeta. Em 1967, entretanto, a internet não existia, não havia telefones celulares, as redes sociais, os blogs e até mesmo os canais de rádio e televisão eram poucos e controlados por redes estatais. Enfim, era um mundo no qual as notícias ainda eram difundidas quase que exclusivamente pelos jornais, não havia como elas viajarem com rapidez.

E então, como se explica que uma multidão de pessoas, mais *hippies* e menos *hippies*, mais cultas e menos cultas, tenha se convencido, em questão de dias, de algo flagrantemente absurdo como o fato de que a banana – fruta consumida por crianças – continha substâncias alucinógenas poderosas e de que bastava fumar sua casca para começar a experimentar o efeito psicodélico? Essa coisa realmente fenomenal nunca teria sido possível se uma série de causas convergentes, em parte fortuitas, não tivessem se materializado ao mesmo tempo. Mas foi exatamente isso que aconteceu.

Em primeiro lugar, vamos relembrar brevemente o que aconteceu em 1967, um dos anos míticos da contracultura dos anos 1960. Estamos em plena Guerra do Vietnã, os Beatles acabaram de lançar *Sgt. Pepper's Lonely Hearts Club Band*;[11] The Doors e Pink Floyd, os respectivos álbuns de estreia; e Jimi Hendrix, o inigualável *Are You Experienced*. A primeira edição da revista *Rolling Stone* é publicada em San Francisco, e Hugo Pratt cria o *Corto Maltese*. No cinema, estão sendo exibidos *A bela da tarde*, de Luis Buñuel, *Bonnie and Clyde*, de Arthur Penn, e *A primeira noite de um homem*, de Mike Nichols. A liberação sexual e uma onda de novidades a respeito de estilos de vida, gostos, relações sociais, ética individual e coletiva viram a velha ordem de ponta-cabeça, iludindo muitos, por um período curto ainda que prolífico, de que outro mundo é possível.

Uma parte importante desse sonho passava pela experimentação de substâncias capazes de alterar a percepção. Todos parecem estar à procura de paraísos artificiais. Todo tipo de droga ou substância que se pensa ter propriedades psicoativas é testado tanto em laboratórios como, de forma mais empírica e perigosa, em pessoas comuns. O uso do LSD, por exemplo, produzido e distribuído de maneira lícita nos Estados Unidos até 1966, espalhou-se visivelmente, sobretudo entre artistas e intelectuais. Assim, em 1967, quando seu consumo foi proibido naquele país, uma busca frenética por alternativas legais com capacidades semelhantes se espalhou para a maioria dos países do mundo. A experimentação em casa tornou-se ainda mais ativa; na prática, todo tipo de substância, em particular de natureza vegetal, era secada e

---

**11**  *Sgt. Pepper's Lonely Hearts Club Band* foi considerado pela revista *Rolling Stones,* em sua classificação dos "500 melhores álbuns de todos os tempos", o melhor álbum da história do rock. Em geral, os ocupantes das cinco primeiras posições foram produzidos entre 1965 e 1967.

fumada. As reportagens da época são muito engraçadas. Há relatórios precisos e cheios de descrições detalhadas sobre como tratar pimentas (verdes, maduras ou estragadas), malagueta, berinjela, sálvia, orégano, batata e qualquer outro vegetal ou cogumelo que passar pela sua cabeça, para que pudesse ser misturado com tabaco ou fumado puro. É em meio a essa pesquisa que, ao som de uma canção hermética do cantor e compositor escocês Donovan, começa a história do pó de banana.

Em 1966, Donovan – conhecido, com uma boa dose de otimismo, como a "resposta britânica" a Bob Dylan – lançou um *single* chamado "Mellow Yellow", que rapidamente se tornou um sucesso global, esteve no topo das paradas em todo o mundo, incluindo as americanas da *Billboard*, na qual chegou ao segundo lugar. Parece que a total incompreensibilidade da letra dessa canção, com suas infinitas interpretações possíveis, é a base da lenda da banana alucinógena. Você pode encontrar o que quiser em "Mellow Yellow", a começar pelo título. Que diabos significa *mellow yellow*? Amarelo polpudo? Amarelo pastoso? Amarelo aveludado? E, se você acha que a letra da música pode ajudar a entender o título, está enganado. Se o título já é ambíguo, a letra é completamente obscura. As únicas frases com sentido falam, talvez, de uma garota chamada Saffron e de alguém que questiona o cantor Mellow Yellow, quem quer que seja.

De mistério em mistério, finalmente chegamos aos versos incriminadores: "*Electrical banana / Is gonna be a sudden craze / Electrical banana / Is bound to be the very next phase*", que, com um pouco de elasticidade, poderíamos traduzir como: "Banana elétrica / Está se tornando uma mania repentina / Banana elétrica / Está destinada a ser a próxima fase". Com base nesse discurso, que à primeira vista não parece significar nada, introduz-se a história de que Donovan sugere,

**150**

com toda a argúcia que uma revelação dessa magnitude exige, que o futuro está nas viagens à base de casca de banana. Além da maconha, o futuro é da banana. Na verdade, o texto de Donovan é a *supercazzola*[12] clássica que pode ser encontrada em muitas outras canções da época. Uma sequência de frases que não significam absolutamente nada, cuja única vantagem é estar em harmonia com a música e parecer impenetráveis. Uma das razões, e com certeza não a principal, pela qual a comparação com Dylan desmorona.

Obviamente, é inútil perguntar ao compositor. Em décadas de entrevistas, quando perguntado sobre o que exatamente ele quis dizer com essa fantasmagórica banana elétrica, a resposta mais inteligível dada por Donovan foi que se tratava de um vibrador feminino amarelo que ele teria visto em uma propaganda. Em todo caso, foi com base nesse texto enigmático que um grupo de jovens de Berkeley, em 1967, inventou que as cascas de banana devidamente tratadas seriam um poderoso alucinógeno. O momento era ideal. Lembremos que alguns dos álbuns mais importantes da história do rock lançados entre 1965 e 1966 foram de fato inspirados por drogas. Entre eles, apenas para citar alguns, *Bringing it All Back Home* ou *Highway 61 Revisited* de Bob Dylan, bem como *Rubber Soul* e o *Revolver* dos Beatles. Enfim, naqueles anos em que o rock levou as substâncias psicodélicas para a cultura *pop*, as condições para a banana ser eleita como uma substância surpreendente parecem realmente perfeitas.

Assim, em 3 de março de 1967, *Berkeley Barb*, uma das primeiras e mais influentes revistas *underground* da época, de Berkeley, publicou um artigo muito detalhado de Ed Denson

---

12 Frase sem sentido pronunciada com convicção para confundir o interlocutor. Termo cunhado no roteiro do filme *Meus caros amigos*, dirigido por Mario Monicelli em 1975. [N. T.]

sobre as propriedades alucinógenas da casca de banana e sobre a maneira pela qual é possível *ter um barato* fumando o equivalente a quatro cigarros devidamente adicionados ao pó da poderosa banana. Denson revela que havia fumado um baseado de banana alguns dias antes em Vancouver, onde fora "iniciado" na nova substância psicodélica, com resultados prodigiosos. Na mesma edição da revista, uma carta hilária ao editor escrita pelo anônimo "Cliente Atento e Membro Cooperativo" relata ter visto um policial de Berkeley disfarçado "espreitando uma seção de produtos frescos" de uma mercearia local. "Acho que eles foram designados para observar as pessoas que compram grandes quantidades de bananas", escreve o cliente atento, e continua sua explicação sobre como então se sabe que as bananas têm propriedades psicoativas. A carta termina com a disposição de que em pouco tempo a posse de grandes quantidades de bananas começaria a ser considerada crime.

Lendo aquela carta hoje, parece impossível não perceber que se tratava de uma piada. Na época, entretanto, ninguém parecia perceber isso e os desdobramentos foram além de todas as expectativas. Em 4 de março, dia seguinte à publicação da reportagem na *Barb*, a notícia foi retomada pelo *San Francisco Chronicle* com grande destaque. Os cartazes de jornais nas bancas anunciavam as notícias em letras garrafais. O artigo citava o que estava escrito na *Barb*, mencionava o cliente anônimo atencioso e pedia uma resposta da polícia de Berkeley, que negava qualquer envolvimento. O artigo termina com a opinião de um *hippie* bem informado, segundo o qual "todo o caso foi plantado pela United Fruit Company[13] para

---

**13** Em seguida, a United Fruit Company mudou seu nome para Chiquita Brands International.

vender mais bananas".[14] Se realmente fosse uma estratégia publicitária, os resultados teriam sido sensacionais. No dia seguinte, em toda a área da baía de San Francisco, não havia uma única banana à venda.

O artigo teve ampla circulação e foi replicado imediatamente por dezenas de outros jornais *underground* que, naqueles anos, contavam as histórias das várias comunidades *hippies* dos Estados Unidos. De um fanzine a um jornal comunitário *underground* local, de uma carta ao editor a textos mimeografados distribuídos durante os principais eventos *hippies*, a notícia alcançou todo o país. Os editores de *East Village Other* se apropriaram da notícia e a veicularam como se tivessem sido eles os descobridores das habilidades psicoativas da banana; o *Los Angeles Free Press* divulgou a receita para preparar o *mellow yellow* perfeito, e todos, de uma costa a outra do país, ampliaram as potencialidades da casca de banana em pó. Não faltaram anúncios de empresas ousadas, capazes de fornecer "banana 100% pura e legal".

Em 16 de março de 1967, foi publicado no *Columbia Daily Spectator* um artigo eletrizante de Christopher Hartzell com o eloquente título "Um barato a baixo custo", que, depois de um preâmbulo magnífico – "A erva não é necessariamente mais verde do outro lado da lei e uma verdadeira experiência psicodélica pode não estar mais longe do que o hortifrúti mais próximo. O produto não é maconha, haxixe ou LSD... mas banana – sim, a velha, simples, banana amarela de todos os dias" –, dá indicações de como preparar: "A banana dá barato de várias maneiras. A mais simples é descascar uma banana madura, raspar a fibra branca de dentro da casca e secar no

---

**14**  John McMillian, *Smoking Typewriters: The Sixties Underground Press and the Rise of Alternative Media in America*. New York: Oxford University Press, 2011.

forno a duzentos graus por mais ou menos vinte minutos. [...] A fibra seca pode ser amassada para parecer tabaco, enrolada em um cigarro ou fumada em um cachimbo. Outro método é colocar uma goma de mascar dentro de uma banana fatiada e deixá-la descansar por duas semanas antes de mastigar".

O consumo de bananas disparou. Durante algumas semanas, em cidades como San Francisco e Nova York, não havia mais bananas nas bancas dos mercados. Os rumores eram de que os agentes de narcóticos estavam monitorando com atenção especial compradores de bananas em grandes quantidades. Na cidade de Nova York, durante um encontro de "Amor Cósmico" de três dias no Central Park, banquinhas improvisadas comercializaram bananas baratas de diferentes origens, com explicações detalhadas sobre as características incríveis da fruta e sobre como proceder para obter o máximo das diferentes variedades. Canções em homenagem à banana foram cantadas e até uma nova saudação foi inventada para os muitos adeptos do consumo feliz e consciente da fruta. É o famoso gesto do dedo médio, mas com uma ligeira modificação. Em vez de ser reto, o dedo médio deve ficar ligeiramente curvado para lembrar uma banana. Imagino que não faltaram mal-entendidos. E não há dúvida de que se fumou casca de banana em pó em toda parte. Por um breve, mas pitoresco período, a moda era fazer um baseado de banana em vez de continuar a consumir a velha maconha. A disseminação do *yellow joint*, legal e ainda de baixo custo, parecia irrefreável.

Em 26 de maio de 1967, a Food and Drug Administration (FDA) emitiu uma declaração afirmando que o estudo de laboratório de numerosas misturas de banana não conseguiu produzir "quantidades detectáveis de alucinógenos conhecidos". Enquanto isso, procurava-se um alucinógeno batizado por algum *bon vivant* com o nome de *bananadina*.

Embora os resultados do FDA não tivessem revelado nenhuma substância psicoativa conhecida nas bananas, nem nada que pudesse ser descrito como bananadina, o consumo alternativo não diminuiu, tanto que até a Academia se viu na obrigação de investigar o problema.

Assim, no renomado *Economic Botany*,[15] um trabalho assinado pelo dr. Krikorian mostrava a receita correta usada para obter o inacessível pó de banana. Aqui está ela. Procedimento: a) Consiga 7 kg de bananas amarelas maduras; b) Descasque-as completamente e descarte (ou coma se estiver com fome) as frutas. Reserve as cascas; c) Com uma faca afiada, raspe o interior das peles e recolha o material raspado; d) Coloque o material raspado em uma panela grande e adicione água. Ferva por duas a três horas até que tudo atinja uma consistência sólida de massa; e) Distribua a massa sobre papel-manteiga e seque no forno por cerca de vinte minutos até que tudo vire um pó fino preto.

Até o dr. Krikorian foi incapaz de detectar qualquer substância alucinógena em bananas, no entanto suas conclusões pedem cautela. Na verdade, "embora os efeitos do fumo da banana tenham se revelado mais psicológicos do que psicodélicos, permanece o fato de que as cascas de banana, como todos os outros tecidos vegetais, contêm inúmeras substâncias não identificadas". Aos poucos, sem alarde, assim como apareceu, a notícia também desapareceu dos jornais. Vez ou outra ainda apareciam no jornal notícias de meninos parados pela divisão de narcóticos por estarem de posse de tubos e invólucros de alumínio contendo *mellow yellow*, mas com uma frequência cada vez menor. No outono de 1967, os jornais *underground*, ocupados com as notícias do aumento

---

**15**  Abraham D. Krikorian, "The Psychedelic Properties of Banana Peel: An Appraisal". *Economic Botany*, v. 22, n. 4, 1968, pp. 385–89.

de protestos contra a presença americana no Vietnã, com a publicação de *Black Power*[16] e com os protestos desenfreados, infelizmente perderam a vontade de brincar e a banana pôde voltar, depois um interregno de transgressão, ao seu destino inelutável de papinha para bebês e vitaminas.

---

**16** Stokely Carmichael e Charles V. Hamilton, *Black Power: The Politics of Liberation*. New York: Random House, 1967.

# 7

# O PÓLEN DO CRIME

Durante anos, na minha juventude, temi como o diabo qualquer assembleia universitária ou qualquer outra forma de reunião academicamente relevante à qual eu fosse obrigado a comparecer. Não sei se você sabe como funcionam essas reuniões, mas isso não interessa. O importante é saber que, quando certo número de acadêmicos se reúne, tem início uma liturgia cujas regras muito precisas não podem ser infringidas. O momento que mais me afligia era a conversa com os colegas no final da exposição principal. Também nesse caso as regras a seguir são claras e obrigatórias. Primeiro nos apresentamos, tomando todo o cuidado para dar sinais claros de respeito ao mencionar o nome do interlocutor; em seguida, comentamos a apresentação a que acabamos de assistir, misturando palavras de apreço com poucas críticas educadas, escolhidas a dedo, ao palestrante. Tudo deve ser orquestrado de forma a sugerir que, mesmo que tivesse sido uma apresentação excelente, ambos poderíamos ter feito melhor sem dificuldade. É logo após essa fase que chega inevitavelmente o momento embaraçoso do qual eu estava falando.

Costuma funcionar assim: o seu interlocutor interrompe de maneira abrupta o fluxo contínuo de palavras com o qual vinha preenchendo os últimos minutos e começa a olhar intensamente nos seus olhos, como se tentasse se lembrar de algo que ele sabe à perfeição, mas que, por uma falha da memória, ele não consegue se recordar. Depois de te aterrorizar com olhares cada vez mais inexplicavelmente intensos, quando você já está calculando as chances que tem de se proteger, ouve a seguinte frase: "Me desculpe, Stefano, o que você faz mesmo?". Não é nada fácil articular a pergunta usando a linguagem corporal necessária. É preciso saber enunciá-la, de modo que a ocupação do seu colega, bem conhecida de todos, parecesse escapar naquele momento, em decorrência de um ataque de demência senil precoce.

Era justamente nesse ponto que a cerimônia se detinha. Se até aquele exato momento, eu conseguia me sair com dignidade, a revelação da minha profissão, incongruente como uma cebola em uma taça de champanhe, interrompia o mecanismo e o engripava de maneira irremediável. "Eu lido com plantas. Sou agrônomo." Aliás, essa é uma resposta não prevista pelo cânone. Um médico, um físico, um químico, um jurista, um arquiteto e um engenheiro são todos profissionais respeitáveis; mesmo filósofos, matemáticos, geógrafos e geólogos, embora visivelmente extravagantes, são admitidos entre as disciplinas acadêmicas. Mas, falando com franqueza, agrônomo, que tipo de profissão é essa? No momento em que você pronuncia o nome da sua profissão, você entende que está se colocando fora do limite da decência.

A princípio, seu impecável interlocutor entende isso como uma piada, não acredita que aquela distinta pessoa com quem vinha conversando agradavelmente até aquele momento seja um "agrônomo". Ele nem sabe exatamente o que é um agrônomo; apenas que é algo que tem a ver com a terra. Essa palavra bizarra o faz lembrar vagamente da grande literatura russa. Não era Tolstói quem, de vez em quando, mencionava agrônomos em seus romances? Se for um bom leitor, com um sorriso forçado, ele vai citar K., o protagonista de *O castelo*, de Kafka. "Ah, que interessante, então o senhor faz o mesmo trabalho que K." Você gostaria de dizer a ele que K. é, na verdade, um agrimensor e, se quiser ser pedante, dirá que, em certo sentido, todo *O castelo* foi construído com base no mal-entendido da profissão de K., mas nunca há tempo suficiente para isso. Sabendo que você é um agrônomo, todos fogem como coelhos assustados.

É uma experiência compartilhada, acredito, por qualquer pessoa que lide com plantas. Aqueles que as estudam compartilham com o assunto de seu interesse a mais completa irrelevância. A pesquisa sobre os vegetais é considerada algo mais relacionado ao mundo rural do que à ciência, e os estudiosos das plantas são senhores excêntricos que não têm nada melhor para fazer do que lidar com essa coisa verde marginal em vez de se dedicar a estudos mais rigorosos e sérios, como fazem os verdadeiros cientistas. Por causa dessa visão distorcida da realidade, em todos os campos do conhecimento, da biologia celular à anatomia, da ecologia à história da evolução, as descobertas alcançadas graças às plantas tiveram relevância próxima de zero quando comparadas com aquelas proporcionadas pelo mundo animal. É por isso – e eu já escrevi a esse respeito – que muitas descobertas fundamentais relativas, por exemplo, à biologia das células, após terem sua experimentação completamente ignorada no campo vegetal, levaram ao prêmio Nobel depois de serem replicadas passo a passo em algum organismo animal insignificante. É, insisto, como se o que vale em 0,3% da vida tivesse maior importância do que aquilo que vale em 85%. Nunca vou conseguir entender isso.

A marginalidade das plantas como fonte de evidência judicial foi exemplar durante séculos. Como foi possível ignorar a importância de sua onipresença? Na verdade, só temos de agradecer à botânica por permitir, no passado, que alguns casos judiciais sensacionais fossem resolvidos. Com efeito, foi na resolução do chamado "crime do século", o rapto e a morte do filho mais velho do famoso aviador Charles Lindbergh (1902–1974), que, pela primeira vez na história, evidências fundamentais de caráter botânico conduziram à identificação dos culpados e foram admitidas durante o processo. A história se desenrolou como segue e deve ser contada na íntegra.

Em 1927, Charles Lindbergh, um jovem piloto de 25 anos, tornou-se mundialmente conhecido graças ao seu feito épico de atravessar o Atlântico de Nova York a Paris, sozinho, sem escala, a bordo do *Spirit of St. Louis*, para cuja concepção e construção ele contribuiu diretamente. Desde 1919, quando Raymond Orteig, um abastado dono de hotel em Nova York, havia instituído um prêmio em seu nome, oferecendo 25 mil dólares para quem fizesse o primeiro voo sem escalas entre Nova York e Paris, muito poucos haviam se arriscado. E, para aqueles que tentaram, os resultados não tinham sido nada animadores. O principal problema era como transportar o combustível necessário para garantir a travessia.

O francês René Fonck (1894–1953), um ás da aviação, dirigindo um avião com excesso de carga, havia sofrido, em 1926, um acidente na decolagem, quando então perdeu dois tripulantes. Em 1927, ano da travessia, três tripulações americanas e uma francesa já haviam fracassado, pagando um alto preço com várias vítimas, antes que Charles Lindbergh, um jovem e desconhecido piloto dos Correios americanos, com pouquíssimos meios à sua disposição, tivesse sucesso na empreitada. Lindbergh apostou na leveza do avião. Em primeiro lugar, o *Spirit of St. Louis* era um monoplano monomotor, ao contrário dos biplanos de dois ou três motores usados nas tentativas anteriores. Além disso, para reduzir ainda mais o peso, ele decidiu realizar o voo sozinho, sem tripulação, e retirar do avião qualquer objeto ou instrumento (inclusive rádio) que

**162**

não considerasse estritamente necessário. Por fim, para resolver o problema do combustível, projetou o nariz do avião para acomodar um tanque maior. Essa modificação impedia qualquer visão à frente. Mas Lindbergh acreditava que as janelas laterais e uma espécie de periscópio espelhado rudimentar lhe permitiriam enxergar adiante.

Nessas condições, dirigindo um avião transformado em um enorme tanque de combustível voador e sem nenhuma visão frontal, Lindbergh decolou às 7h52 do dia 20 de maio de 1927 de Roosevelt Field, perto de Nova York, para uma jornada lendária que, depois de 33 horas e 32 minutos de voo, levou-o a pousar em Le Bourget, perto de Paris. Charles Lindbergh tornou-se, da noite para o dia, um dos homens mais famosos do planeta. Nos Estados Unidos, foi nomeado coronel da reserva de aviação e recebeu a condecoração Distinguished Flying Cross. O governo francês concedeu-lhe a Legião de Honra e ele foi aclamado pela *Time* como o "homem do ano".

Oito anos depois dessa façanha, na noite de 1º de março de 1932, Charles Augustus Lindbergh Jr., seu filho mais velho de apenas vinte meses, foi sequestrado de sua casa em Nova Jersey. Lindbergh ainda era um dos ídolos americanos, e o rebuliço foi enorme. As circunstâncias do sequestro foram estampadas em todos os jornais da época: após o jantar, a governanta Betty Gow pôs a criança para dormir no berço em uma sala contígua à biblioteca onde estava o pai. Por volta das 21h30, Lindbergh ouviu um barulho na casa, mas não deu atenção, acreditando que algo tivesse caído na cozinha. Às 22h, a governanta foi ao quarto para ver se a criança estava dormindo e encontrou o berço vazio e a janela do quarto aberta. A criança também não estava com a mãe. O sequestro ficou evidente ao encontrarem um envelope contendo o pedido de resgate no parapeito da janela do quarto. Lindbergh chamou a polícia e, nesse meio-tempo, começou a vasculhar o jardim, onde encontrou marcas de pneus e uma escada de madeira escondida em um arbusto. Uma das principais provas do processo foi justamente essa escada. Mas vamos por partes.

A investigação ficou a cargo do superintendente da Polícia Estadual de Nova Jersey, Herbert Norman Schwarzkopf sênior, pai do *Stormin* Norman Schwarzkopf, que, sessenta anos depois, lideraria a coalizão de forças aliadas engajada na Primeira Guerra do Golfo. Durante meses, nada aconteceu, apesar do pagamento do resgate. Em 12 de maio de 1932, um motorista de caminhão estacionou para urinar em uma estrada rural a poucos quilômetros da propriedade de Lindbergh e encontrou o corpo da criança perto de um bosque.

Esse é o resumo muito sucinto dos fatos que dois anos mais tarde levaram à identificação de um responsável e ao julgamento no qual, pela primeira vez, os testes botânicos foram admitidos em um processo. Mas não vamos antecipar os fatos. Em vez disso, acompanhemos as ações da polícia.

O ponto de inflexão na investigação veio dos relatórios sobre as cédulas utilizadas para o pagamento do resgate, cujos números de série haviam sido transcritos com precisão.[1] Os investigadores notaram que a maioria das notas do crime tinham sido usadas ao longo da rota de uma linha específica do metrô de Nova York, a primeira da Lexington Avenue, que cruza toda Manhattan, e concentraram suas ações em verificar bancos e grandes estabelecimentos comerciais existentes a uma distância de algumas centenas de metros da linha de metrô em questão. Um longo trabalho que, no final, graças também a certa porção de sorte, levou aos resultados esperados. Uma das notas de dez dólares foi, aliás, identificada por um funcionário do Corn Exchange Bank de Manhattan, que

---

1 Gregory Ahlgren e Stephen Monier, *Crime of the Century: The Lindbergh Kidnapping Hoax*. Tucson: Branden Books, 1993.

observou, na borda da cédula, uma anotação a lápis de um número de placa de automóvel: 4U–13–41–NY. Os detetives conseguiram rastrear o frentista que havia feito o depósito no banco, o qual disse ter anotado o número da placa do carro (um Dodge azul) que abastecera com gasolina por medo de ser uma nota falsa. O dono do carro era Bruno Richard Hauptmann, um imigrante alemão que trabalhava como carpinteiro e que tinha antecedentes criminais em seu país, residente na 1279 East 222nd Street, no Bronx. Em sua garagem, os investigadores encontraram 14 mil dólares do resgate.

Mesmo que fosse um indício muito grave de culpa, a presença daquele dinheiro por si só não era suficiente para indiciar Hauptmann. Na verdade, o dinheiro poderia ter sido levado para sua garagem por outra pessoa ou poderia ter sido entregue a ele pelo verdadeiro culpado. Enfim, uma pista importante, mas não a chamada "arma fumegante" que qualquer júri teria reconhecido como uma prova irrefutável de culpa. Era preciso achar algo que vinculasse inequivocamente a presença do suspeito à casa em Nova Jersey de onde o pequeno Lindbergh fora sequestrado. Os investigadores, seguros de que estavam no caminho certo, fizeram uma busca minuciosa na casa de Bruno Hauptmann e encontraram outras evidências: um caderno com desenhos esboçados de uma escada muito semelhante à encontrada na casa de Lindbergh logo depois do sequestro e, sobretudo, uma tábua de onde parecia ter sido serrado um pedaço de madeira semelhante àquele usado para fazer o montante da escada do sequestro.

Semelhante, entretanto, não significa idêntico. Para que o teste fosse considerado válido, era necessário eliminar qualquer dúvida de que o montante provinha daquele pedaço específico de madeira encontrado na casa de Hauptmann. É aqui que entra nosso herói: dr. Arthur Koehler, um talentoso especialista em anatomia e identificação de madeira do Laboratório de

Produtos Florestais do Serviço Florestal dos Estados Unidos em Madison, Wisconsin. Graças ao trabalho desenvolvido por ele foi possível resolver um dos casos mais famosos da história do Judiciário norte-americano. Desde o início da história, Arthur Koehler, encarregado de examinar a famigerada escada deixada pelo sequestrador no jardim da casa de Lindbergh, havia percebido[2] que um exame detalhado poderia levar a informações valiosas para a identificação do sequestrador. No entanto, estava muito nítido para ele que o valor de qualquer evidência encontrada após o estudo da madeira nunca seria admitido no tribunal se não fosse irrefutável. Na verdade, nunca antes uma evidência "botânica" tinha sido levada a um tribunal. Para que Koehler tivesse alguma chance de ser ouvido, era necessário encontrar evidências na madeira da escada que não deixassem nenhuma margem de dúvida... e, naturalmente, encontrar um juiz inteligente durante o julgamento.

Para continuar a história, é preciso saber que a madeira foi um dos primeiros itens examinados pelo pioneiro da microscopia Anton van Leeuwenhoek (1632–1723), no início do século XVII. Desde então, observar a anatomia dos troncos das árvores sempre fascinou a todos os que a eles se dedicam com paixão. O que essas observações nos dizem? Que um tronco é essencialmente e, em poucas palavras, uma estrutura hidráulica. Uma série ininterrupta de células mortas e ocas dispostas para formar longos tubos que transportam água e os solutos nela dissolvidos, desde as raízes até as folhas. Com o parênquima, no qual estão incluídas, essas estruturas formam o xilema (da palavra grega *xylon*, madeira). As células vivas do floema (do grego *floios*, casca), ao contrário, transportam para

---

**2**   Arthur Koehler, "Techniques Used in Tracing the Lindbergh Kidnaping Ladder". *Journal of Criminal Law and Criminology*, v. 27, n. 5, Chicago, 1936–1937, p. 712.

o resto da planta os açúcares produzidos nas folhas pela fotossíntese da copa. Cada espécie tende a distribuir os diferentes tipos de célula que formam o xilema em padrões distintos. Assim, todo bom anatomista é capaz de identificar a espécie da qual provém determinada madeira.

Era exatamente o que Arthur Koehler estava prestes a fazer. Ele levou a escada para o seu laboratório e começou a examiná-la detalhadamente. E logo percebeu um fato fundamental. A escada fora feita em casa. Ou seja, não se tratava de um objeto produzido em massa com milhares de unidades diferentes; era um objeto único, que poderia revelar informações importantes sobre a pessoa que a construiu. De fato, o péssimo acabamento e a imprecisão com a qual a escada havia sido construída logo indicaram que seu construtor, embora tivesse conhecimentos rudimentares, certamente não era um carpinteiro habilidoso. Além disso, os degraus da escada, apesar de terem sido construídos com uma madeira muito macia, como a do *Pinus ponderosa*, ainda eram novos, sem sinais de desgaste, evidenciando que a escada não havia sido usada anteriormente e, por isso, tinha sido construída para aquele propósito específico.

A madeira utilizada pertencia a quatro espécies diferentes. Três dos seis montantes (era uma escada telescópica, dividida em três partes) eram de *Pinus echinata* ou de espécies muito semelhantes, enquanto os outros três eram de *Pseudotsuga menziesii*, assim como um dos onze degraus. Os outros dez eram de *Pinus ponderosa*. As traves usadas para prender as três séries da escada eram de bétula (provavelmente *Betula alba*). Por fim, a famosa ripa número 16, fundamental para a acusação definitiva de Hauptmann, apresentava peculiaridades que não escaparam a Koehler. Em primeiro lugar, quatro orifícios de pregos que indicavam uso anterior da madeira, sem função na construção da escada; portanto, o estado de conservação da madeira, que estando clara e sem sinais de ferrugem ao redor dos orifícios que alojaram os pregos, indicava que ela havia sido mantida dentro de casa, sem nenhuma exposição às intempéries.

Com base nessas observações e na baixa qualidade da madeira, Koehler sugeriu que o pedaço de madeira para o degrau 16 vinha de um celeiro, garagem ou sótão. Além das deduções fundamentais do degrau 16, que, como veremos, levariam Hauptmann a se confrontar com sua responsabilidade, Koehler demonstrou sua extraordinária expertise em muitos outros momentos da investigação. Por exemplo, ele conseguiu localizar a serraria original na qual as tábuas foram cortadas se valendo apenas das marcas deixadas pela plaina em alguns pedaços de madeira na escada. A serraria estava localizada na Carolina do Sul, no empório National Lumber and Millwork Co. no Bronx, a dez quarteirões apenas da casa de Hauptmann.

Tudo isso aconteceu muito antes de a polícia prender o suspeito e descobrir que uma das tábuas do seu sótão havia sido parcialmente cortada. Assim que a tábua foi encontrada, como Koehler havia previsto, a "arma fumegante" estava à mão. Se Koehler pudesse provar, sem sombra de dúvida, que a ripa 16 da escada usada para sequestrar Charles Lindbergh tinha vindo da tábua cortada no sótão de Bruno Hauptmann, nenhum júri no mundo teria mais dúvidas. Foi exatamente isso que aconteceu. Ao estudar a tendência dos anéis anuais na tábua do sótão e na ripa 16, Koehler constatou que a coluna tinha vindo de um pedaço de uma tábua do piso de Hauptmann. E mais. Para dissipar qualquer dúvida, ele mostrou que os anéis concêntricos da madeira, assim como as impressões digitais, possuem características singulares, sendo que duas toras diferentes nunca poderiam apresentar um padrão completamente idêntico.

Em janeiro de 1935, em um clima de comoção popular sem precedentes na história do Judiciário norte-americano, teve início o julgamento de Bruno Hauptmann. Koehler foi chamado para depor no quinto dia e, com muito mais detalhes, falou como testemunha-chave antes da acusação final. Naquele ponto, a importância fundamental do depoimento de Koehler ficou patente para todos. Até mesmo para o advogado de defesa, Edward J. Reilly, que tentou de todos os modos se opor ao depoimento, apelando para o fato de que o estudo da madeira *não era uma ciência*. Para ser justo, deve-se reconhecer que o uso de especialistas nos tribunais da época era, em geral, uma prática rara e limitada. No entanto, mesmo em um contexto tão desfavorável, às vezes especialistas em outras disciplinas além da botânica eram consultados.

É interessante relatar as palavras exatas e desdenhosas com as quais Reilly se dirigiu ao tribunal:

> Não há entre os seres humanos um animal conhecido como especialista em madeira; que não é uma ciência reconhecida pelos tribunais; que não tem nada a ver com especialistas em caligrafia, especialistas em impressão digital ou especialistas em balística. São ciências reconhecidas pelo tribunal. A testemunha provavelmente pode testemunhar como um carpinteiro habilidoso ou algo assim, mas, quando ela tenta qualificar ou expressar opiniões como um especialista em madeira, isso é bem diferente. [...] ele é simplesmente um homem que tem muita experiência em examinar árvores, que conhece a casca das árvores e algumas outras coisas desse tipo. Ele pode vir ao tribunal e nos contar o que fez ou viu, mas, quando emite sua opinião como especialista ou cientista, isso é muito diferente. Digamos que a opinião dos jurados seja tão boa

quanto a dele e que estes sejam tão qualificados quanto ele para julgar.[3]

Felizmente, o juiz não pensou da mesma forma e, ao proferir a sentença: "Eu digo que este depoimento pode ser qualificado como o de um perito",[4] marcou na prática a condenação de Bruno Hauptmann à cadeira elétrica e o nascimento da botânica forense.

Apesar desse nascimento ilustre, e embora quase noventa anos tenham se passado desde o julgamento de Hauptmann, a botânica, mesmo no campo forense, continua a ser a Gata Borralheira entre todas as outras disciplinas científicas. Inexplicavelmente. Na verdade, restos de plantas de natureza muito diferente estão presentes em todos os lugares. Não é possível estar isento de material de origem vegetal. Em outras palavras, é impensável que os humanos, que representam uma fração insignificante da biomassa do planeta, não guardem vestígios daqueles fatídicos 85% da biomassa vegetal nos quais estamos todos mergulhados. Restos de plantas são encontrados literalmente em todos os lugares e oferecem múltiplas fontes potenciais de evidência tanto no nível macroscópico (madeira, mesmo carbonizada, folhas, frutos, galhos, flores, raízes etc.) como no microscópico (pelos, tricomas, algas, esporos, pólen etc.). A diversidade morfológica de cada planta encontrada, a associação entre as diferentes espécies, sua quantidade relativa nos permitem coletar informações fundamentais para a compreensão, por exemplo, da estação do ano ou da posição geográfica na qual ocorreu um crime, independentemente do fato de um corpo ter

**3**  F. Pope, *State of New Jersey* vs. *Bruno Richard Hauptmann*. Transcrição do julgamento, 1935, p. 3796.

**4**  T. W. Trenchard, *State of New Jersey* vs. *Bruno Richard Hauptmann*. Transcrição do julgamento, 1935, p. 3805.

sido deslocado ou enterrado. A presença de material vegetal no corpo ou nas roupas de um suspeito pode nos dizer se ele esteve ou não na cena do crime. Pólens e esporos, em particular, por estarem espalhados pelo ar, não só se prendem em quantidades significativas às nossas roupas, como também são inalados e podem ser identificados nas vias respiratórias.

A palinologia (ramo obscuro da botânica que lida com o estudo dos pólens de outros elementos biológicos microscópicos, como esporos de musgos, licópodes e samambaias, além de partes de fungos, tanto atuais como fósseis) é uma das disciplinas científicas que mais têm a fornecer informações substanciais na resolução de casos judiciais. O caso mais famoso, e também o primeiro a ser resolvido por conta das habilidades palinológicas, data de 1959 na Áustria, diz respeito ao desaparecimento repentino de um homem que teria sido supostamente assassinado, apesar de o corpo não ter sido encontrado. Os investigadores identificaram um suspeito, mas as evidências eram reduzidas. Isso incluía um par de botas cobertas de lama. Um palinologista local as analisou e encontrou algo bastante raro: pólen fóssil de uma nogueira de 20 milhões de anos. A árvore não crescia na Áustria havia milhões de anos, porém seu pólen fóssil ainda podia ser encontrado em uma pequena região do Danúbio. Munidos dessas informações, os investigadores conseguiram fazer o suspeito confessar a localização do corpo.[5]

Com a palinologia e o estudo dos pólens, foi possível solucionar crimes de guerra na antiga Alemanha Oriental,[6]

---

**5** Grover Maurice Godwin (org.), *Criminal Psychology and Forensic Technology: A Collaborative Approach to Effective Profiling*. Boca Raton: CRC, 2000.

**6** Reinhard Szibor et al., "Pollen Analysis Reveals Murder Season". *Nature*, v. 395, n. 6701, 1998, pp. 449–50.

bem como saber os últimos deslocamentos feitos por Ötzi, o homem de Similaun, e a época do ano em que morreu. De fato, o crescimento de raízes por cima de corpos ou objetos enterrados pode fornecer, por meio do estudo dos anéis de crescimento, informações muito importantes sobre a data do sepultamento.[7]

Obviamente, mesmo a análise molecular do DNA da planta é capaz de fornecer evidências fundamentais. Esse foi o caso de uma garota cujo corpo foi depositado por seu assassino no meio do deserto do Arizona. Era 2 de maio de 1992 e, graças ao trabalho de Tim Helentjaris, da Universidade do Arizona, os investigadores constataram que duas vagens caídas no furgão de um dos suspeitos tinham vindo de uma árvore de *Parkinsonia aculeata* presente na cena do crime. Foi a primeira vez na história que um tribunal de Justiça reconheceu evidências de DNA de plantas.

Entretanto, apesar de tudo isso, olhando as especializações presentes nos laboratórios forenses, parece que, ainda hoje, os especialistas em plantas não são contemplados. No âmbito do Departamento de Investigação Científica (RIS) da Polícia, por exemplo, há especialistas em biologia molecular (principalmente análise de DNA e vestígios orgânicos), química (vestígios não biológicos, como fibras, fragmentos de tinta, líquidos de natureza desconhecida e substâncias químicas não identificadas), balística (tudo relacionado a armas, armas de fogo, facas, espadas, baionetas etc.), impressão digital (análise de impressão digital), som e gráficos (comparações vocais, grafológicos, testes antropométricos), psiquiatras, psicólogos (elaboração de perfis psicológicos nos casos mais hediondos

---

**7**  James Pokines, "Two Cases of Dendrochronology Used to Corroborate a Forensic Postmortem Interval". *Journal of Forensic Identification*, v. 68, n. 4, Temecula, 2018, pp. 457–65.

e sem motivo aparente), sociólogos, criminologistas, estatísticos e cientistas da computação (estudos e pesquisas sobre o fenômeno de atos persecutórios – *stalking* – e sobre as manifestações de violência e assédio a vítimas vulneráveis). Mas nenhuma menção a botânicos ou a especialistas em plantas em qualquer nível.

Analisando o profissionalismo exigido pelas principais forças policiais científicas ao redor do mundo, a situação não muda. Em alguns laboratórios forenses, há entomologistas, mas nunca um botânico. Na última versão disponível, a de 2019, do *Manual de serviços forenses*, o FBI[8] menciona fibras de madeira, contudo não faz referência a nenhum outro tipo de material vegetal que possa ser retirado do local do crime. Em todo o manual, por exemplo, a palavra "pólen" não é mencionada. Isso não surpreende. Em uma pesquisa realizada em 1990, com entrevistas a trinta dos maiores laboratórios forenses dos Estados Unidos, apenas dois sabiam que o pólen poderia ser usado como ferramenta forense.[9] A objeção do advogado de Hauptmann: "Botânica não é ciência" ainda está bem viva para o senso comum.

---

**8**   FBI, *Handbook of Forensic Services*, 2019. Disponível em: fbi.gov/file-repository/handbook-of-forensic-services-pdf.pdf/view.

**9**   Vaughn M. Bryant e Dallas C. Mildenhall, "Forensic Palynology in the United States of America". *Palynology*, v. 14, n. 1, 1990, pp. 193–208.

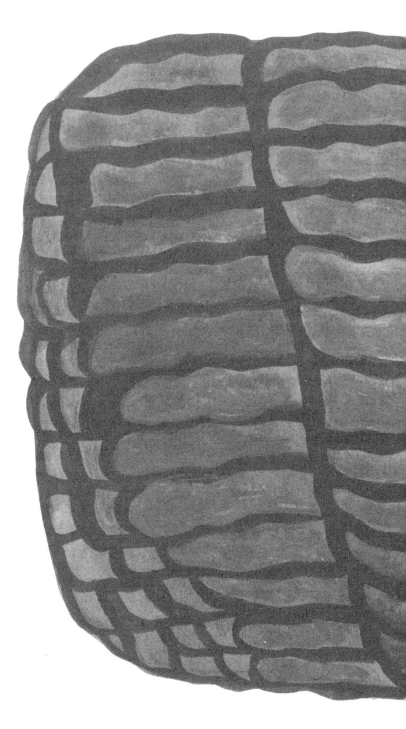

# 8

# SEMENTES DA LUA

Em um período em que as plantas já haviam se instalado de forma permanente em minha vida, folheando distraidamente uma revista americana de jardinagem, fui surpreendido por um anúncio que oferecia a possibilidade de ter no próprio jardim as árvores prediletas de importantes personagens da história. O anúncio que me atraíra de forma tão irresistível mostrava um cavalheiro, com uma bengala, vestido com roupas do século XVIII, parado, feliz, à sombra de uma enorme árvore. O slogan que o acompanhava era "Passeie com Washington sob sua árvore favorita". Por sessenta dólares mais despesas de envio, era possível receber dos Estados Unidos uma pequena árvore nascida por propagação vegetativa (portanto, um clone) de uma árvore ligada a momentos ou personagens relevantes para a história daquele país.

Saber dessa oportunidade me encheu de uma alegria infantil. Na prática, eu poderia receber o *Acer rubrum* que havia inspirado Henry David Thoreau ou o carvalho de Mark Twain ou os plátanos plantados por George Washington em Mount Vernon, em 1795, e assim por diante. E estávamos falando exatamente *da mesma árvore*. Não do mesmo tamanho, nem proveniente do local onde haviam desempenhado sua função histórica, mas, ainda assim, as mesmas árvores. Transferindo

**177**

a possibilidade para o mundo animal, é como se pudéssemos ter Bucéfalo, o cavalo de Alexandre, o Grande, ou Marengo, o cavalo que acompanhou Napoleão a Austerlitz, Jena, Wagram e Waterloo, ou a cachorrinha Laika, o primeiro ser vivo a viajar no espaço.

O fascínio era inegável e a lista das diferentes árvores famosas disponíveis foi por muito tempo tema de conversas com meus colaboradores. Devíamos pegar o plátano de Washington ou o bordo de Thoreau? Cada um tinha sua preferência. E por que não criar um grupo de compra e depois multiplicar as árvores por conta própria para que todos pudessem ter um espécime? Seria algo parecido aos discos que colecionávamos e compartilhávamos quando crianças; cada um era dono do disco que havia escolhido e pago, os outros eram livres para copiá-lo em fitas. Pois bem, no caso das árvores teria funcionado muito melhor. As cópias, aliás, ao contrário das fitas cassete, seriam idênticas ao original.

Assim como acontecia em relação aos discos, as discussões foram intermináveis e, ao final, demandavam, via de regra, juízos sobre o mérito da questão, escolhas dolorosas e, durante um tempo, não se falava de outra coisa no laboratório. Então, quando tudo parecia decidido e a lista final cuidadosamente elaborada e pronta para ser enviada, o verdadeiro grande inimigo apareceu no horizonte: a burocracia. Importar plantas dos Estados Unidos para a Itália sem sermos proprietários de viveiros renomados logo se revelou para todos nós algo além de nossas forças. Certamente das minhas. A simples visão do que tinha que ser feito, dos certificados a serem emitidos, exerceu sobre mim o mesmo efeito paralisante que a burocracia consegue provocar em mim com muito menos. A esta altura, estou convencido de que o objetivo final dos formulários é evitar qualquer solicitação. Bem, no meu caso, deu certo. A burocracia venceu: nunca vou pedir nada. De vez

**178**

em quando, imagino um escritório secreto, pertencente aos serviços de segurança e defesa da burocracia, lutando clandestinamente por esse objetivo. Um gabinete onde, cada vez que um cidadão renuncia para sempre ao seu direito de pedir algo às instituições, faz-se um brinde à missão cumprida e em que o nome dele é adicionado à lista de ouro dos silenciosos: os cidadãos perfeitos.

Como costuma acontecer, porém – e isso a burocracia ainda não conseguiu evitar –, o conhecimento é sempre gerador de possibilidades e também, nesse caso, o inesperado acontece. Foi a partir do catálogo de árvores históricas que me apaixonei por árvores famosas e, entre elas, as desconhecidas árvores da Lua. Foi um verdadeiro milagre, cuja história vou contar.

Em 5 de fevereiro de 1971, do cabo Kennedy (rebatizado de cabo Canaveral), a missão *Apollo 14* partiu para a Lua. A tripulação consistia em Alan Shepard, comandante; Stuart Roosa, piloto do módulo de comando; e Edgar Mitchell, piloto do módulo lunar. Era a terceira missão humana com esse objetivo e, para essa ocasião, Alan Shepard, uma sumidade na exploração espacial, foi convidado a assumir o comando da missão e descer como o quinto homem na superfície lunar (dos doze que pisaram nela). Na verdade, Shepard havia sido o segundo homem e o primeiro americano a ir para o espaço. Aconteceu em 5 de maio de 1961, menos de um mês após a lendária jornada de Yuri Gagarin, em 12 de abril de 1961, demonstrando à União Soviética que a lacuna tecnológica entre as duas superpotências no campo das viagens espaciais não era intransponível.

A figura de Alan Shepard é a do clássico herói americano: aviador, marinheiro, astronauta, capaz de regressar ao espaço décadas depois de sua primeira missão e levar duas bolas de golfe à Lua e, com elas, usando um "ferro seis", tentar alguns *drives* com baixa gravidade, que, segundo ele, voaram "milhas e milhas e milhas". Aliás, Shepard ainda continua a ser o único jogador lunar, porém não é mais o jogador a fazer o *drive* mais longo. Nessa classificação especial, ele foi ultrapassado pelo cosmonauta Michail Tjurin, que, em 2006, acertou uma bola de golfe da estação espacial em órbita (ISS), atirando-a na direção da atmosfera terrestre.

De todo modo, não estamos falando de golfe aqui e o protagonista de nossa história não é Shepard. O herói é outro astronauta da mesma missão: Stuart Roosa. Comandando o módulo lunar durante a missão *Apollo 14*, Roosa tinha um passado aventureiro semelhante ao de Shepard, mas, além disso – o que faz dele, de longe, meu astronauta favorito –, era um apaixonado por plantas e florestas. Até meados da década de 1950, antes de ingressar no programa espacial, Roosa havia combinado seus dois interesses principais – aventura e voo – em um dos trabalhos menos conhecidos e mais perigosos que se possam imaginar: o *smoke jumper*. Do que se trata? Simplesmente saltar de paraquedas em florestas localizadas em áreas inacessíveis, onde um incêndio tivesse acabado de eclodir, para extinguir os focos no início, cavar trincheiras e implementar todas as técnicas que podem ser usadas para diminuir as chamas enquanto se aguarda a chegada de novos veículos de combate a incêndio. Pelas histórias de Roosa, parece que seu amor pelas árvores nasceu da grande proximidade com suas copas, nas inúmeras vezes em que seu paraquedas se enroscou nos galhos de árvores a dezenas de metros do solo. Lá em cima, pendurado entre as folhas e à procura de uma maneira de se libertar sem quebrar o pescoço, ele aprendeu a apreciar esses seres enormes e maravilhosos. Então, alguns dias antes de partir, quando Ed Cliff, o chefe do serviço florestal, ligou para Roosa e perguntou se ele aceitaria levar um recipiente de metal fechado com quinhentas sementes a bordo da *Apollo 14*, ele aceitou, sem hesitar.

As sementes em questão pertenciam a várias espécies comuns nos Estados Unidos, como liquidâmbar, sequoias, abeto-de--douglas (*Pseudotsuga menziesii*), plátanos, pinheiros etc. Essas espécies foram escolhidas porque eram bastante conhecidas e capazes de crescer bem em grande parte dos Estados Unidos. Além disso, uma vez que o pedido feito a Roosa tinha o objetivo de acompanhar o crescimento das sementes que haviam estado no espaço, comparando-o com o das sementes provenientes da mesma árvore, mas que nunca tinham saído da Terra, para cada semente enviada ao espaço foram separadas sementes--irmãs. Em outras palavras, o propósito era cultivar lado a lado plantas que tinham estado no espaço e plantas que não saíram do planeta, a fim de avaliar eventuais diferenças. Não deu em nada. De fato, quando a *Apollo 14* pousou no Pacífico Sul, em 9 de fevereiro de 1971, as sementes correram o risco de serem destruídas. Durante os processos de descontaminação, o recipiente, desinfetado e exposto a um ambiente despressurizado, abriu-se, espalhando as sementes por todo lado, diminuindo a esperança de que pudessem germinar.

As primeiras tentativas do pessoal da Nasa de fazer aquelas sementes germinar não deram em nada, mais por inexperiência do que por qualquer outro motivo. Confiadas a mãos mais hábeis e pacientes, quase todas germinaram, dando vida a algumas centenas de mudas que tiveram a sorte de terem estado na Lua. Muitas mudas nascidas daquelas sementes especiais foram plantadas nos Estados Unidos em 1976, por ocasião do bicentenário da proclamação da Independência. Pensava-se que tais árvores poderiam estar em sintonia com o espírito dos Pais Fundadores. Assim, um pinheiro foi plantado no jardim da Casa Branca na presença do presidente Gerald Ford, que descreveu aquelas árvores como "os símbolos vivos de nossas espetaculares realizações humanas e científicas"; um plátano foi plantado na Filadélfia, na Washington Square;

outro próximo ao Kennedy Space Center, no cabo Canaveral; uma sequoia, em Berkeley; um abeto-de-douglas em frente à base dos *smoke jumpers*, no Oregon; e assim por diante. Muitas árvores lunares foram plantadas em frente a escolas, universidades, tribunais e prédios públicos dos Estados Unidos. Algumas foram para o exterior: Brasil, Suíça, Itália. Uma foi dada ao imperador Hirohito, do Japão. Assim, tão rapidamente quanto foi criado, o grande interesse por essas árvores desapareceu e até sua memória foi perdida.

E teriam ficado esquecidas se, em 1996, um arquivista da Nasa, Dave Williams, não tivesse recebido um estranho e-mail da sra. Joan Goble, uma professora de Cannelton, uma pequena cidade em Indiana, que pedia informações sobre uma árvore que crescia no Acampamento de Escoteiros Koch de Cannelton. A razão pela qual a sra. Goble pensou que a Nasa pudesse saber algo a respeito se devia à presença de uma placa ao lado da árvore que a classificava como árvore da Lua, uma *Moon tree*. Ninguém na cidade parecia se lembrar de nada de especial sobre aquela planta, e a professora, acreditando ser improvável que a árvore realmente tivesse vindo da Lua, um lugar notoriamente sem vida, solicitou mais informações.

A história dessa árvore da Lua era algo completamente novo para Williams. Embora seu trabalho fosse de arquivista especializado nas missões *Apollo*, ele nunca tinha ouvido falar dela. E, assim como ele, praticamente ninguém na Nasa. Tudo poderia ter terminado ali, com aquele e-mail bizarro, se não fosse o rigor de Williams, que, como bom arquivista, não desanimou diante da primeira dificuldade e decidiu informar-se com alguns raros funcionários da agência ainda em serviço desde os anos 1970 e no Serviço Florestal Nacional.

Foi assim que a história das árvores da Lua voltou à luz. O fato de não haver nada nos arquivos da Nasa se devia ao caráter não oficial do experimento, visto que se tratava de uma iniciativa isolada de um astronauta. Stuart Roosa, aliás, em vez de carregar na bagagem pessoal permitida dezenas de bobagens para serem revendidas mais tarde a alto preço a colecionadores de artefatos relacionados com viagens espaciais, havia tido o mérito de decidir investir boa parte do peso dessa bagagem para levar ao espaço uma lata cheia de sementes. Williams conseguiu desvendar o mistério e podia responder satisfatoriamente à mensagem da sra. Goble, mas não o suficiente para aplacar sua curiosidade sobre essa história emocionante. Quantas eram essas árvores? Onde tinham sido plantadas? E, acima de tudo, quantas ainda estavam vivas? Em que condições?

Williams não conseguia desistir de tentar entender toda a história. Ele teve a impressão de que, ao esquecer aquelas árvores, a Nasa estava cometendo uma injustiça com os organismos vivos que estiveram a bordo da *Apollo 14*, orbitaram a Lua 34 vezes e dos quais ninguém tinha lembrança. Ele não desanimou. Pelos jornais da época, foi capaz de localizar uma série de árvores, incluindo aquela plantada na Casa Branca pelo presidente Gerald Ford, e um plátano colocado exatamente em frente ao seu escritório no Goddard Space Flight Center em Maryland, que ninguém sabia se tratar de uma árvore lunar. Além disso, o arquivista da Nasa produziu uma página na internet em que pedia a quem tivesse notícias sobre as árvores da Lua que entrasse em contato. Depois dessa iniciativa, até a imprensa voltou a se interessar pelo assunto por um tempo, reacendendo a curiosidade das pessoas por essas plantas. Finalmente, Williams foi capaz de compilar uma lista contendo cerca de setenta desses veteranos do espaço, cujas características principais (espécie, data de implantação, local e condições) estão acessíveis a todos no *site* da Nasa, como convém aos bons companheiros de viagem.

# índice onomástico

Alberti, Leon Battista **43**
Amati, Andrea **96-98**
Amati, Girolamo **96**
Amati, Niccolò **90, 94, 96**

Bader, Martin **73-75, 78-79**
Bormann, Frederick Herbert **77**
Buñuel, Luis **149**
Byron, George Gordon (Lord) **91**

Carlos IX **97**
Cernan, Eugene **47**
Cerulli, Vincenzo **106**
Chaplin, Charlie **136**
Clouet, François **97**
Colla, Luigi **132**
Contreras, José **98**
Currey, Donald **116-18**

da Vinci, Leonardo **103-04**
Darwin, Charles **57, 80, 84**
Dickens, Charles **127-28, 136**

Douglass, Andrew
 Ellicott **104-13, 124**
Doxiadis, Constantinos
 Apostolou **53**
Duport, Jean-Pierre **91**
Dutrochet, René Joachim
 Henri **76, 80**
Dylan, Bob **150-51**

Elgar, Edward **10-11, 103**
Evans, Ronald **47**
Evelyn, John **67-69**

Fioravanti, Marco **94**
Fonck, René **162**
Ford, Gerald **181, 183**

Gagarin, Yuri **179**
Galilei, Galileu **104-06**
Geddes, Patrick **57-60, 73**
Gerard, Henri **18-20, 26-27, 29, 37**

Goble, Joan **182, 183**
Graham, Barry **77**
Grégoire, Henri **19–25, 28, 30, 38**
Grenville, George **22**
Grinnell, Joseph **49**
Guarneri del Gesù, Bartolomeo
　Giuseppe **94, 96, 98**
Guarneri, Giuseppe Giovanni
　Battista **90, 92, 94, 96, 98**

Hauptmann, Bruno
　Richard **165, 167–70, 173**
Helentjaris, Tim **172**
Hendrix, Jimi **149**
Howard, Luke **63**

Ingenhousz, Jan **68**

Jorge III **22**

Keaton, Buster **136, 143**
Keeley, Jon **85**
Koehler, Arthur **165–69**
Korff, Serge **118**
Kropotkin, Piotr **59, 81**

Leuzinger, Sebastian **73–75,
　78–79**
Libby, Willard Frank **118–24**
Lindbergh, Charles Augustus
　**162–63, 165–66, 168**
Lotka, Alfred **81**
Lowell, Percival **105–06**

Mabuchi, Kiyoshi **140, 143**
Maunder, Edward **94**
Maupassant, Guy de **9–10**
Mitchell, Edgar **179**

Nichols, Mike **149**
Noren, Alvin **114**

Oliver, Andrew **22**
Orteig, Raymond **162**

Paganini, Niccolò **92**
Penn, Arthur **149**
Piggott, Stuart **121, 124**
Pink Floyd **149**
Pratt, Hugo **149**
Pressac, Norbert **23**
Priestley, Joseph **68**

Rees, William **53**
Romero, George **75**
Roosa, Stuart **179–81, 183**
Roosevelt, Theodore
　**136–37**

Sakai, Rina **140**
Schiaparelli, Giovanni
　Virginio **105**
Schmitt, Harrison **47**
Schulman, Edmund **113–16**
Schwarzkopf, Herbert
　Norman **164**
Seraphin, Sanctus **98**

Shepard, Alan **179–80**
Stradivari, Antonio **90, 92, 94, 98**

Taiti, Cosimo **94**
Tanaka, Kensei **140**
The Beatles **149, 151**
The Doors **149**
Thoreau, Henry David **177–78**
Tjurin, Michail **180**
Twain, Mark **177**

Uchijima, Daichi **140**

Volterra, Vito **81**

Wackernagel, Mathis **53**
Waring, George **137**
Washington, George **177–78**
Williams, Dave **60, 182–83**
Wissler, Clark **109**

# sobre o autor

STEFANO MANCUSO nasceu em 1965, em Catanzaro, na Itália. É formado pela Università degli Studi di Firenze (UniFI). Em 2005, fundou o LINV – International Laboratory of Plant Neurobiology – um laboratório dedicado à neurobiologia vegetal, campo de que foi o fundador, e que explora a sinalização e a comunicação entre plantas em todos os seus níveis de organização biológica. Em 2012, participou da criação de uma "planta robótica", um robô que cresce e se comporta como uma planta, para o projeto Plantoid. Em 2014, inaugurou na UniFI uma *startup* dedicada à biomimética vegetal, ramo de pesquisa e inovação tecnológica baseada na imitação de propriedades das plantas, desenvolvendo um modelo de estufa flutuante chamado "Jellyfish Barge". Publicou, entre outros, os livros *Verde brillante* [Verde brilhante] (2013), em coautoria com Alessandra Viola; *Botanica. Viaggio nell'universo vegetale* [Botânica. Viagem ao universo vegetal] (2017); *A incrível viagem das plantas* (Ubu Editora, 2021); e *Nação das plantas* (Ubu Editora, 2024). Em 2018, Mancuso recebeu o XII Prêmio Galileo de escrita literária de divulgação científica pelo livro *Revolução das Plantas* (Ubu Editora, 2019). Desde 2001, atua como professor do Departamento de Ciência e Tecnologia Agrária, Alimentar, Ambiental e Florestal da UniFI.

Título original: *La Pianta del Mondo*
© 2020 Gius. Laterza & Figli, All rights reserved
© 2021 Ubu Editora

**ilustrações** Andrés Sandoval

**preparação** Leonardo Ortiz
**revisão** Cláudia Cantarin e Orlinda Teruya
**produção gráfica** Marina Ambrasas

**EQUIPE UBU**
**direção editorial** Florencia Ferrari
**direção de arte** Elaine Ramos; Júlia Paccola
   e Nikolas Suguiyama (assistentes)
**coordenação** Isabela Sanches
**editorial** Bibiana Leme e Gabriela Naigeborin
**comercial** Luciana Mazolini e Anna Fournier
**communicação / circuito ubu** Maria Chiaretti,
   Walmir Lacerda e Seham Furlan
**design de comunicação** Marco Christini
**gestão circuito ubu / site** Laís Matias
**atendimento** Cinthya Moreira e Vivian T.

2ª reimpressão, 2024

UBU EDITORA
Largo do Arouche 161 sobreloja 2
01219 011 São Paulo SP
ubueditora.com.br
**f** **◎** /ubueditora

Dados Internacionais de Catalogação na Publicação (CIP)
Bibliotecária Vagner Rodolfo da Silva – CRB 8/9410

M269P  Mancuso, Stefano
   A planta do mundo / Stefano Mancuso; tradu-
   zido por Regina Silva. – São Paulo: Ubu Editora,
   2021. / Título original: *La Pianta del Mondo* / 192  pp.
ISBN 978 65 86497 29 8

1. Ecologia. 2. Biologia. 3. Ciências sociais.
I. Silva, Regina. II. Título.

|  |  | CDD 577 |
|---|---|---|
| 2019–886 |  | CDU 574 |

Índice para catálogo sistemático:
1. Ecologia 577  2. Ecologia 574

**tipografias**  Italian Plate e Tiempos
**papel**  Pólen bold 90 g/m²
**impressão**  Margraf